U0047713

belle vue

人生風景 · 全球視野 · 獨到觀點 · 深度探索

04
belle vue

打動人心！這樣企畫就對了

LINE・AKB48・無印良品・日清食品・豐田汽車・麒麟特保可樂・
艾詩緹美妝等打敗不景氣的產品熱銷術

作　者	村山涼一
內文圖片設計	北田進吾
譯　者	陳心慧
主　編	曹　慧
美術設計	三人制創
行銷企畫	蔡緯蓉
社　長	郭重興
發行人兼出版總監	曾大福
總編輯	曹　慧
編輯出版	奇光出版
	E-mail: lumieres@bookrep.com.tw
	部落格：http://lumieresino.pixnet.net/blog
	粉絲團：https://www.facebook.com/lumierespublishing
發　行	遠足文化事業股份有限公司
	http://www.bookrep.com.tw
	23141新北市新店區民權路108-3號6樓
	電　話：(02) 22181417
	客服專線：0800-221029 傳真：(02) 86671065
	郵撥帳號：19504465
	戶　名：遠足文化事業股份有限公司
法律顧問	華洋法律事務所 蘇文生律師
印　製	成陽印刷股份有限公司
初版一刷	2014年11月
定　價	320元

有著作權・侵害必究
缺頁或破損請寄回更換

YUSABURU KIKAKUSHO
Copyright © Ryoichi Murayama 2012
ALL rights reserved.
Original Japanese edition published in Japan by Nikkei Publishing Inc.
Chinese (in complex character) translation rights arranged with Nikkei Publishing Inc.
through Keio Cultural Enterprise Co., Ltd.
本書繁體中文版由奇光出版取得授權

國家圖書館出版品預行編目資料

打動人心！這樣企畫就對了：LINE.AKB48.無印良品.日清食品.豐田
汽車.麒麟特保可樂.艾詩緹美妝等領導打敗不景氣的產品熱銷
術 / 村山涼一著；陳心慧譯.-- 初版.-- 新北市：奇光出版：遠足文化發
行, 2014.11
　　面；　公分

ISBN 978-986-90944-1-2 (平裝)

1.行銷學　2.企劃書

496　　　　　　　　　　　　　　103019178

線上讀者回函

打動人心！
這樣企畫就對了

LINE・AKB48・無印良品・日清食品・豐田汽車・麒麟特保可樂・
艾詩緹美妝等領導品牌打敗不景氣的產品熱銷術

村山涼一 著

陳心慧 譯

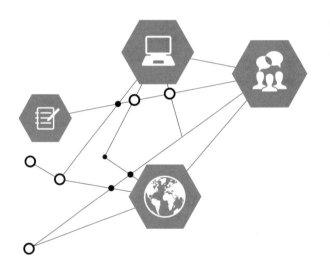

Contents

02 | 商品企畫聖經「奧斯本檢核表」

03 | **分析檢證勝算的方法** ···············121

04 | **如何準確鎖定目標族群** ···············145

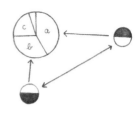

05 ｜ 令人印象深刻的命名和標語

案例：歐陸式早餐／剖竹般的性格

命名：寶礦力水得／ Milky 牛奶糖

標語：知識小將的，暑假。／初戀的滋味

標語：40 歲是第二次的 20 歲。／我覺得賀年卡是一種贈禮。

推薦序

隨時因應環境改變，調整企畫思維的觀念

陳正孟｜富士軟片台灣總代理，恆昶實業公司廣告業務室協理

本書開宗明義就是要以企畫來打動人心，這是所有行銷廣告人畢生的目標，世界知名的麥肯廣告公司企業精神標語『TRUTH WELL BE TOLD 真實說巧妙』就是以這樣的態度，無論用感性或理性的訴求，來美化商品或服務，促使產生認同及消費行動，企畫打動人心，達成行銷的目的與任務。

本書以深入淺出、系統化的整理，引導讀者深入企畫領域殿堂，無論你是企畫老手或生手，都是非常實用的工具書。

一般的企業經營者，通常面對新事業或新產品，通常都有很高的期待與衝動，以為思考已經周詳，而忽略整體經營模式再三審度與思考，以致於產生定位不明，行銷策略組合紊亂的情事發生，而陷入且戰且打的窘境，最後終於鎩羽而歸，認輸出場。

本書特別提到富士軟片以三種優點相乘的型態法，創造出機能性的化妝品，富士 ASTALIFT 艾詩緹保養品，以「上相美肌，從此留駐」的承諾，迅速贏得口碑與信賴，最近更獲得日本平成 26 年度全國發明賞，這是化妝品第一次獲得發明賞的殊榮，可見這樣的創新確實打動專家與消費者的心。讓人更體會到富士軟片公司成立 80 年後，提出以創新為價值，展現企業轉型的決心與策略，而以往軟片業的巨人柯達

公司則因故步自封，難逃企業破產重整的命運。

　　書中也提到以概念思考出發，開發商品企畫、分析、精準規畫目標對象，繼而以命名及廣告口號等接近占領消費者的心靈 ，這也令我聯想到富士軟片公司曾經叱吒一時的「即可拍一次性紙盒相機」，以「軟片加上鏡頭」（FILM WITH LENS）的產品概念，發展成「忘了帶相機，就用富士即可拍」的商品及創意概念，搶攻一般風景遊樂區的消費市場，也成為便利商店高毛利主力商品，而更大的意義，把原來不會發生的商機，因為有了方便、隨手可得的即可拍相機，觸動了拍照的需求，擴大延伸後續相片沖印、相本的市場。同樣的產品發明概念，是「軟片也是相紙」的拍立得相機新潮流，改變了保存照片做為回憶的傳統思維，新一代數位原生人，將拍立得相機視為影像玩具，發展出塗鴉玩相片的生活態度，不同的世代對於影像就有極度不同的認知。這也是我們要隨時因應環境改變，調整企畫思維的觀念。

　　企畫書就如同編劇一般，設定好劇本方向後，就必須安排場景、演員人物及運鏡等相關細節，企業商品經營亦是如此，一切行銷準備按部就班後，仍須注意突發事項，並適時解決，最終將能完美演出。仔細閱讀本書，就能幫助你從各個角度切入運用，個人建議，使用本書企畫提案，可以同時從「產品特性」、「銷售主張」、「符號互動」、「生活型態」四種面向練習提案，運用書中所提之技巧及方法，檢視及應用，相信一定會有不錯的效果。

自序

　　最近讓我覺得「這個厲害！」的熱賣商品包括麒麟的「特保可樂」（KIRIN Mets Cola）、富士軟片的護膚品牌「艾詩緹」（ASTALIFT），以及智慧型手機的應用程式「LINE」。

　　KIRIN Mets Cola 是特定保健食品，簡稱特保可樂。這項商品藉由可樂和特保這兩個出人意外的組合，實現了「好喝，而且可以抑制脂肪吸收」的概念。上市兩個月就熱銷超過 200 萬箱，成為供不應求的熱賣商品。

　　富士軟片的護膚品牌「艾詩緹」是經過多年研究，結合膠原蛋白、照片就算氧化也不會變色的抗氧化技術，以及可以在輕薄的底片上調配不同化合物的超微粒科技，將這些技術應用在護膚產品中，成功跳脫了原本的照片應用。

　　智慧型手機的應用程式「LINE」則是可以免費通話或傳送訊息的軟體。IT 知識份子傾向使用智慧型手機，但對於一般人或女性而言，操作起來也許會覺得比較困難或不太習慣。然而「LINE」首先想出簡單容易的介面設計，之後才開始研發系統程式。這個從設計面出發的想法奏效，日本國內外的使用者暴增。上線一年，日本使用者已超過 2500 萬

人，全世界的用戶數更超過 5000 萬人（編按：至 2014 年 4 月已突破 4 億）。

※ 本書收錄了以上案例的詳細說明。

這些商品的共通點是「出乎意料」。「底片技術應用在護膚產品上」、「從介面設計出發開發應用程式」、「可樂與特保，通常沒有交集的組合」等，都是意想不到的點子。

這些想法到底是如何誕生的？又如何成為完整的企畫，整理成企畫書？可想而知，這些商品的企畫重視的不是「形式」，而是「本質」。也就是說，比起企畫書的頁數或精美度等企畫書的邏輯和程序，更重要的是把焦點放在企畫的本質＝「底片技術應用在化妝品上」、「從介面設計出發開發應用程式」、「可樂與特保，通常沒有交集的組合」上。

日本經濟蕭條，消費後退，企畫書的形式等表面功夫已經不適用了。如果不能敏銳地抓住本質，就無法打動客戶、上司，更遑論要打動消費者了。

那麼，如何才能像上述的案例，掌握本質，打動客戶、上

司，以及消費者的心呢？本書就從解答這個疑問開始說明。

從形式到本質。

本書重視本質，介紹人人都可以立刻學會並落實執行的四個打動人心的方法，搭配精采豐富的案例詳加說明。我很有自信，簡單易懂、容易應用這兩點，絕對是其他書中看不到的。

希望大家可以善用本書，想出前所未有的點子、企畫、企畫書，拯救黯淡的消費市場。

村山涼一，2012 年 11 月

前言

00

PROLOGUE

你要的是打動人心的企畫書

企畫書轉型——
從「沙漏型思考」到「打動人心」

進入 21 世紀已經超過 10 年，企畫書也已經慢慢在轉型。

從結論而言，**企畫書若不能打動人心，那麼就不適用於這個年代。**如果企畫書不能夠配合時間和場合，自由自在地變化出最適當的型態，那麼終將面臨被淘汰的命運。

我以前的著作曾經介紹，企畫書共通的理論就是從分析出發，之後擬定策略，接著擴展企畫案。這是如沙漏般倒三角形的思考方式，分析必要的資料，朝著一個定點前進，接著再把這個定點當作下一個起點，慢慢地發展基本策略、策略細項、企畫案等。書中強調，只要依照這個理論，無論是誰都可以做出傲人的企畫書。

這個理論的背景是日本泡沫經濟破滅，各方面都向後倒退，科學和客觀事物受到重視。同時，網路發達，無論是誰都可以很輕易地得到各種資訊。也就是說，誰都可以為自己的企畫找出科學客觀的根據，因此，適用這種沙漏型的思考模式。

然而，這種思考模式也慢慢地變得不合時宜。

　　理由之一就是，**企畫書已經不能完全依賴分析**。

　　如果完全依賴分析，就只能在既有市場中發想，很難想出突破性的點子。另外，由於企畫以分析為前提，很難找出消費者未察覺的需求和市場動向，而且只會不斷地細分市場，很難從中引發熱潮。在這樣的背景下，沙漏型思考變得不再是萬能的思考模式。

　　另一個理由是，**社會走向「清貧時代」**。

　　1992 年有一本暢銷書名為《清貧的思想》（中野孝次著。草想社）。1991 年正是泡沫經濟破滅，社會生病的年代。做為這種現象的反動，生活清貧的主張抓住了人心，獲得好評。

　　歷經 20 個年頭。

　　時代的風潮逆轉，社會上充滿清貧的思想，「清貧」成了主流。

　　另外，發生在 2011 年 3 月 11 日的東日本大震災也有相當的影響。大地震後，比起金錢，人們更重視人與人之間的牽

絆。另外，長期的通貨緊縮，讓人們習慣了就算錢賺得不多，生活也能過得很滿足。

想買房子的人越來越少，很多人租房子來保持手頭上的寬裕。另外，和其他人一起租房子的觀念也越來越普遍。買名牌衣服的人也越來越少，大多數人選擇的是低價格但與自己理念相符的衣服。在家吃飯最能感受到家族的牽絆，就算外食，也有許多廉價餐廳可供選擇，雖然價格便宜，但也很好吃，皆大歡喜。

這樣的現象讓「普通」的價值也面臨緊縮，大家在低標準中找到滿足。也就是說，「普通」的絕對價值下降了。

做為這種現象的反動，**標準的事物、無趣的事物、理所當然的事物已經不被人們所接受**。就像《清貧的思想》的暢銷是泡沫時代後的產物一般，在清貧時代，產品如果不能打動人心，則無法獲得認同。

的確，想想最近引發熱潮的東西，包括電視連續劇《家政婦女王》（2010 年，日本電視台）、北野武導演的電影《極惡非道》（2010 年）、「美魔女」、AKB48、桃色幸運草 Z、變裝

藝人松子 Deluxe 和 Mitz Mangrove 等，這些都是打動人心的
人事物，如果不是這樣的人事物是無法造成熱潮的。

意圖打動人心的4種方法

　　本書針對企畫書必備的 5 大重點：**概念、商品企畫、分析、鎖定市場、表現方式**，提供 4 種打動人心的方法，旨在介紹如何寫出自由度高且有趣的企畫書。

① 7種發想法

　　下面介紹 7 種在商業或行銷方面具有成效的發想方式，可以幫助找到打動人心的概念。這裡意圖重組熱銷商品的熱賣要素，進而創造出有趣事物的發想方式。

★ 7 種發想法

延伸（extension）		熱銷商品 上下延伸
轉換（transfer）		熱銷商品 左右轉換
矩陣（matrix）	A × B	熱銷要素 A 與 熱銷要素 B 相乘
形態 （morphological）	A B × C	熱銷要素 A 與 熱銷要素 B 及熱銷要素 C 相乘
主流支流	主　從	主流熱銷要素 轉換成支流
強制關聯	A × B	要素 A 乘上毫無關聯的 要素 B
微調	A → A'	做出一個與 A 類似的 A'

② 奧斯本檢核表

為了企畫出打動人心的商品，下面將介紹奧斯本檢核表。這個「檢核表」是由開發出「腦力激盪」（Brainstorming）而聲名大噪的 BBDO 廣告公司創辦人奧斯本（Alex F. Osborn）所構思的方式，可以做為發想的靈感。在現有的想法或商品中加上一點變化，提出新的想法或產品是這個方法的最大特徵。檢核表列舉如何轉換現有想法的關鍵字。

③ 市場調查分析架構（Outframe）

下面介紹提高打動人心想法成功可能性的「市場調查分析架構」。這裡會用到分析和鎖定市場的技巧，但其目的在於證明客觀性，根據明確的方法論來提高精準度。利用 4 種框架，無論是誰都可以正確做出分析並鎖定市場。

Outframe 具體的應用方式將於 Part 3 的分析和 Part 4 的鎖定市場中詳加介紹。

★ 奧斯本檢核表

轉用	(A) → (A')	· 是否有新的用途？ · 改良後是否有新的用途？
應用	(A) ≒ (B)	· 現在是否有類似的東西？ · 過去是否有類似的東西？ · 有沒有可以模仿的地方？
改變	(⊗) (B)	· 顏色、聲音、味道、 　含義、動作、樣式、 　形狀等，改變了會如何？
擴大	(A)	· 添加其他要素 · 增加時間或次數 · 重疊或相乘
縮小	(A)	· 去除某些要素 · 壓縮、變小、分割、去除 · 變薄、變輕、變低、變短
替代	(A') ← (A)	· 替代人、物、能源 · 使用其他的方法或過程
重組	(A) ↔ (A')	· 重組要素 · 調整順序 · 對調原因和結果
顛倒	(B) ← (A)	· 正反對調 · 表裡對調 · 上下對調
結合	(A) + (B)	· 結合目的、點子 · 組成團體

分析的 Outframe-1

市場規模	市占率	成長性

分析的 Outframe-2

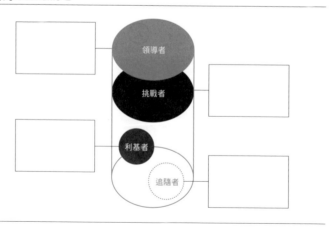

分析的 Outframe-3

使用者的狀況

非使用者的狀況

分析的 Outframe-4

★ 使用的理由 ➡

★ 用途 ➡

★ 印象 ➡

★ 選擇的基準 ➡

鎖定市場的 Outframe-1

地理	地區、都市規模、人口密度、氣候等 ➡
人口動態	年齡、性別、家庭狀況、所得、職業、學歷、世代等 ➡
心理變數	社會階級、生活型態、個性等 ➡
行動	購買狀況、追求的益處、使用者類型、使用率、忠誠度、購買基準的階段、對產品的態度等 ➡

鎖定市場的 Outframe-2

★ 目標族群描繪

> ▶
> ▶
> ▶
> ▶
> ▶
> ▶
> ▶
> ▶
> ▶

鎖定市場的 Outframe-3

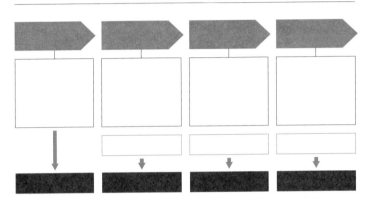

鎖定市場的 Outframe-4

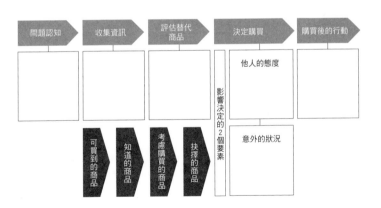

④ 修辭法

為了讓商品的呈現方式更加打動人心，這裡介紹利用修辭法的發想方式。

修辭指的是，聽人說話或看書時接收到的獨特、和一般有所不同的用字遣詞方式，可以用來吸引他人的注意，激發別人的興趣。腦中的想法並不是平舖直敘說出來即可，修辭可以讓言語多一點變化，達到更好的效果。意圖製造這樣的效果，就是修辭法的發想方式。

請大家活用上述四種方法，自由地創作企畫書。

一開始決定概念，接著企畫商品，藉由分析提高成功的可能性，鎖定市場，思考表現方式，或者先鎖定市場，進行分析，再以此為基礎構思概念、商品企畫和表現方式。

之前提到分析已經達到極限，但對於新市場而言，依舊是非常有效的方式。因此在瞄準新市場時，首先進行分析，接著構思概念和商品企畫、鎖定市場、決定表現方式，按照這樣的順序進行即可。

★ 修辭發想法

直喻	≒	想表達的內容 以類似的東西 或事物比喻
時間轉移	未來 過去	變換時代背景 來比喻
誇飾		以經過擴大或 縮小的東西或 事物比喻
隱喻	≠	想表達的內容 以乍看無關的 東西或事物比喻
矛盾	?	以相互對立或 矛盾的東西或 事物比喻
異形	≠	以奇特或怪異的 東西或事物比喻

　　概念、商品企畫、分析、鎖定市場、表現方式，雖然是構成企畫書的五大要素，但要從哪個要素開始著手則沒有一定的規則。正因為可以自由選擇，也才能夠蘊釀出有趣的企畫。

　　在現在的時代，企畫必須能夠打動人心。

　　希望大家可以活用本書，想出最獨特的點子、企畫以及企畫書。

01

理解「概念」，開發「概念」

「什麼是概念？」

如果向知識份子詢問這個問題的解答，有人會回答「企業對於市場的想法或接觸市場的方式，是企業經營上不可或缺的一環」。也有人會回答「特定商品或服務以獨特的方式滿足某種需求」。又有人會回答「以新的觀點切入現實，為觀點帶來變化」。

綜合以上的說法可以知道，「**概念是一種想法，一種獨特的東西，以新的觀點切入現實，進而為觀點帶來變化**」。

例如，花王的 Healthya 綠茶和 SUNTORY 的黑烏龍茶。Healthya 綠茶的概念是「燃燒脂肪」，而黑烏龍茶的概念則是「抑制脂肪吸收」。

如果這些產品的概念是以「做出美味的茶」為出發點，那就是既有的觀點，稱不上獨特，也稱不上是以新的觀點切入現實，觀點當然也不會因此而有變化。

正因為是「燃燒脂肪」、「抑制脂肪吸收」的概念，消費者心想「喝了這種茶是不是就會瘦？」，還是「只要喝了這種

茶，就算吃了油膩的東西，身體也不會吸收脂肪」，便想要
嘗試看看。

這種觀點的改變，專業用語稱作「知覺（perception）改
變」。

這樣創造出的東西就是概念。我以前認為創造概念非常困
難，因為畢竟這是一件從無到有的事，對於創造概念的方法
也完全摸不著頭緒。

自從我到出版社工作，擔任開發概念相關工作之後，我的
想法才有了改變。

「一本書是如何被出版的？」我懷著好奇心出席了企畫會
議。然而，會議上大家談論的都是一些普通事。那到底談了
些什麼？基本上都是現在什麼書最暢銷？為什麼暢銷？等
等。

這樣的話我也經常掛在嘴上，所以非常熟悉。「這本書會
暢銷是因為受到這一群人的歡迎」、「這本書是因為那一則新
聞，所以才熱賣」、「這本書是因為準確掌握現在的流行而大
賣」等等。我以為這是外行人才會有的對話，沒想到專業的

編輯間也進行著同樣的對話。

然而，專業人士不愧是專業人士。分析熱賣原因這一點和我們沒有什麼區別，但一旦掌握了熱賣的原因，以這些因素為基礎，進行不同的發想。

「考慮到這個熱賣因素，那麼這本書也會暢銷」、「將這個熱賣因素繼續追根究柢，可以發展出這本書」、「這個熱賣因素和那個熱賣因素相乘之後，就可以得到這本書」等等。

我不禁佩服編輯們的專業。同時我也覺得「我也做得到」。只要像我之前一樣分析熱賣商品，將熱賣因素重新排列組合找出完整的方案，再進一步思考即可。

此後，當有人找我商量，就算是以不改良產品為前提的企畫案，我都還是會思考，「如果是我自己開發這個產品，我會開發出什麼樣的商品？」每當我在進行調查或鎖定市場，或是為產品命名及想宣傳標語的時候，都養成了進一步思考的習慣。

　　下面介紹 7 種在商業或行銷方面具有成效的發想方式，都是藉由重新排列組合熱賣因素，創造出打動人心企畫案的發想法。

發想法①
適用年齡上下移動發想的「延伸法」

「延伸」指的是**將熱賣因素的適用年齡上下移動的發想法**。

如果將熱賣因素的年齡層向上延伸，可以發展出什麼樣的概念呢？另一方面，如果向下延伸，又可以發展出什麼樣的概念？就像這樣，將年齡層上下延伸，構思新的概念。

這種發想法是以品牌策略為基礎開發出的方式。優秀產品誕生後，伴隨而來的是強大的品牌力，這時只要以年齡為主軸延伸（extension），就可以開發出新的產品，專業用語稱作「品牌延伸」（brand extension）。下面來看幾個具體的例子。

▼Pocky

Pocky 是江崎固力果於 1966 年開始販賣的餅乾零嘴。

如果將 Pretz 餅乾棒裹上巧克力，不知會是什麼味道？一個天馬行空的想法成了一切的開始。廠商考慮到，如果整個餅乾棒都裹上巧克力，很容易沾得滿手都是，於是特地留了一小段沒有裹上巧克力。

當時，Pretz 這種長條型的餅乾本就很少見，裹上巧克力

後的甜度適中，吃起來很方便，於是 Pocky 上市後立刻熱
賣。

此外還利用造成 Pocky 熱賣的因素，開發出數種口味的
Pocky。

延伸

熱賣商品的購買年齡層向上下延伸

　　將熱賣因素的消費年齡層向上延伸所開發出的產品是碎杏仁 Pocky。在巧克力上沾滿壓碎的杏仁，最後再淋上一層牛奶巧克力。尤其針對目標族群 30-40 世代男女的喜好，使用重度烘焙的杏仁，增加香氣。

　　相反地，將年齡層向下延伸所開發出的產品是甜度較高的草莓 Pocky。目標族群設定在小學女生，依照她們的喜好，開發出甜味溫和的草莓口味。同時，推出草莓 Pocky 代言玩偶「Ippo-chan」的穿衣人偶等，也是為了抓住目標族群的心。

巧克力口味　　　　碎杏仁口味　　　　草莓口味

（江崎固力果株式會社）

▼AEON的自有品牌「Top Value」的年長女性專用衛生衣

AEON 稱 60 歲以上的世代為「grand generation」，傾集團之力，希望擄獲這個族群的心，像是將營業時間提前至早上 7 時，也是為了吸引銀髮族顧客上門。

做為吸引銀髮族策略的一環，AEON 的自有品牌開發出年長女性專用衛生衣。說到銀髮族的衛生衣，一般都會想到「膚色或蕾絲設計，材質為棉料」。然而，AEON 開發出的商品卻不然。衛生衣「顏色是粉紅色或黑色，材質兼具輕薄和彈性」，一上市就熱賣。

針對 200 名 60 歲以上的婦女做調查後發現，很多人「不覺得自己是老年人。我們想要的是，雖然是為老年人設計，但看起來卻不像老年人的商品」。也有很多人覺得「100% 純棉的材質穿起來刺刺的不舒服」、「顏色看起來就一副衛生衣的樣子不討喜」，以及「為了維持身材的塑身衣穿起來太辛苦」等。

為此，AEON 選擇受年輕族群歡迎的「粉紅色和黑色」、

「伸縮自如的輕薄材質」、「穿起來輕鬆」等條件作為延伸，開發出專為年長女性設計的衛生衣。開發過程中，與研究根據體型和姿勢做衣服的大學教授合作，考量到隨著年齡增長逐漸前傾的體型，加強背後的彈性等，面面俱到。

　　這個產品的概念並不是以「60 歲以上的需求應該是這樣」為出發點，而是將年輕族群的需求延伸到 60 歲以上的年齡層，如此才造成熱賣。

▼高絲的護膚品牌「AQUALIVE」

　　根據 2010 年日本國勢調查顯示，50 歲以上的女性占了近五成的女性人口。因此，抗老護膚品的市場上看 2348 億日圓，是快速成長的市場。

　　也就是說，十分關心抗老的 50 世代女性，支撐著整個化妝品市場。強調抗老化效果的產品尤其暢銷，據說有些商品的銷售成績比起前一年成長了將近 5 倍。

　　將這個熱賣因素的年齡層向下延伸至 30 世代女性而開發的商品就是高絲的護膚品牌「AQUALIVE」。根據高絲的調查發現，年輕族群中有很多人也為黑斑、毛孔粗大、皮膚鬆弛等問題所擾。因此高絲預測早期抗老的需求應該很大，將商品概念定為「早期抗老」（early anti-aging）。

　　在這個概念下，產品配方中加進 7 種具有保濕效果的胺基酸，可以維持肌膚的彈性和水潤，並達到調節肌膚新陳代謝的功效。另外，這項商品採用網路販賣，瞄準喜歡網購的 30 世代女性。

　　將 50 歲以上的「抗老」概念延伸到 30 世代的「早期抗老」概念，是讓商品熱賣的關鍵。

發想法②
熱銷因素左右移動發想的「轉換法」

這是將熱銷因素左右移動的發想法。

比如說，將國外各地的熱銷因素移植到日本各大都市，在某個領域成功的要素應用在其他領域，受女性歡迎的熱銷因素套用在男性身上，適用於人類的熱銷因素套用在寵物身上等。

最近經常可以看到原本是公司內部用的系統，經過轉換後成為新商機的新趨勢。

▼漢字T恤
以日本漢字當作設計概念的 T 恤也是一種轉換。這並非

轉換

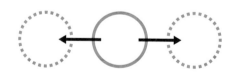

熱銷商品左右移動

是日本人想出的點子，而是把海外熱銷的商品逆向輸入至日本。

在日本人眼裡，每個漢字都具有特殊的意義，但對於看著字母長大的外國人，漢字是一種富有異國風味的設計圖像。如果單純從設計的角度來看，漢字的確很有味道。

從這一點可以推測出「漢字的設計感」是造成漢字 T 恤熱賣的因素。這個熱賣因素逆向輸入日本之後也造成熱賣。

T 恤一開始選擇的都是意思不會太奇怪的漢字，但最近變本加厲，「惱羞成怒」、「無添加」等讓人噴飯的字眼，也開始出現在 T 恤上。

漢字的新用法逆向輸入日本，在日本形成熱潮，的確是非常有趣的案例。

▼Combi 的寵物用嬰兒用品「Compet」

嬰兒用品大廠 Combi 跨足寵物用品市場，推出可以推著小型寵物犬趴趴走的寵物推車。

2011 年日本新生兒的出生人數約 105 萬人，創下二次世界

大戰後的最低數字，社會進入少子化。另一方面，寵物犬數量約 1200 萬隻。根據業界的推估，現在寵物用品的市場規模高達 2500 億日圓，今後以老年人和單身者為中心，飼養寵物的家庭預估還會增加。另外，關於寵物的法律也經過修改，人們對於寵物的觀念與過去相比已有很大不同。

面對這樣的現象，Combi 轉換他們對於嬰兒車、嬰兒椅、玩具等嬰兒用品的技能，跨足寵物用品市場。

milimili（Combi 株式會社）

Combi 以新的品牌名稱「Compet」進軍市場，推出了名為「milimili」的寵物推車。

這項商品的骨架使用的是輕薄但十分耐用的鋁材質，拆除籃子就可以折疊。為了讓寵物坐起來更舒服，應用嬰兒車的技術，前後輪採用懸吊系統。

Combi 將在嬰兒用品市場累積的技術轉換到如家中一份子的小型寵物犬上，創造出「嬰兒用品大廠 Combi 的寵物品牌＝ Compet」的概念。

而對養兒育女告一段落，精神放在寵物上的老年人，「如果是嬰兒用品大廠 Combi 的推車，可以放心購買」。

▼Yamato Holdings推出的低價雲端服務

日本物流業龍頭 Yamato Holdings 針對企業推出低價雲端服務。

這是運用旗下 Yamato 系統開發公司在東京都內和大阪府內經營的資料中心而開始的服務。選擇使用兩個距離甚遠的資料中心，是為了健全備份顧客存放資料的體制，如此一

來，就算因為自然災害而使得其中一個資料中心的資料受損，另一個資料中心還有備份，不需要擔心。

為什麼會開始這項服務呢？這是因為 Yamato 物流為了掌握每件貨物的正確位置，以便將貨物在顧客希望的時間內送達，集團內部擁有高度的資訊技術。追蹤一年數億個貨物的流向，讓貨物能夠迅速送達的資訊管理技術開創了另一個新的事業。

這項服務運用了兩個資訊中心的多餘資源，靈活運用資訊中心沒有在使用的設備，讓 Yamato 能夠以比其他提供相同服務的公司低 15% 的價格提升競爭力。

以前大多數的企業都會開發自己的系統，但最近為了節省成本，很多企業選擇雲端服務。雲端服務不需要購入伺服器等高昂設備，企業一開始需要負擔的成本較低。另外，比起自己開發系統，也比較省時。

利用自家的技術和多餘的資源，創造出「低價格雲端服務」這個可以賺錢的概念。這正是轉換的發想。

發想法③
熱銷因素相乘發想的「矩陣法」

　　這是將某個熱銷因素與其他熱銷因素相乘的發想法。

　　「Matrix」有許多不同的含義。用電腦把零件縱橫排列，輸入導線和輸出導線連成的迴路網也稱作「Matrix」。基努李維主演的「駭客任務」（Matrix）就是取自這層含義。「Matrix」原本的意思是「數學的矩陣」，進而將行與列，也就是縱軸和橫軸相乘的發想法稱作「矩陣法」。

　　延伸和轉換是移動熱賣要素的發想法，無論是誰都可以想到。然而，也正因為如此，很難發展出新奇度高的產品或商機。另一方面，矩陣是**將某個熱銷因素與其他熱銷因素相乘，創造出令人意想不到的概念。**

矩陣

要素 A 與要素 B 相乘

例如，「來往人潮眾多」的車站熱賣因素與「在一個地方就可買到各式商品」的百貨公司熱賣因素相乘，得到「讓大量人潮留在百貨公司」的概念，加以執行就可以創造出一個大商圈。

實現這個概念的是名古屋車站內的高島屋百貨，一開幕就盛況空前，足以改變名古屋商圈的結構。

▼洗烘衣機

洗烘衣機內建電熱器，可以洗衣同時烘乾。而對洗衣機這個已經成熟的產品，應該很少人會高度關心，頂多就是壞了再換一台新的。這時登場的就是洗烘衣機。

在此之前，用洗衣機把衣服洗淨、脫水之後，必須多一道曬衣或移到烘衣機的手續。然而，洗烘衣機顛覆了過去的做法，讓「一台機器全部搞定」變成可能。

全自動洗衣機只能夠執行「洗衣」的所有工序，但洗烘衣機卻連「烘乾衣服」這個步驟也能一手包辦，可說是「全自動衣服洗淨機」，屬於革命性商品。

這個發想便是將洗衣機的熱賣因素「洗衣服」，與烘衣機的熱賣要素「迅速烘乾衣服」相乘而得來的。「讓髒衣服回復到原本狀態」這個概念就此誕生。

現在的洗烘衣機更進化，皮革製品等不能水洗的衣服，可以利用臭氧洗淨。達到這樣的程度，可說是實現了「讓髒衣服（任何衣服）回復到原本狀態」的概念。

▼富士通的「神清氣爽鬧鐘」

富士通將雲端和智慧型手機相乘，開發出新的服務。

人人都希望一早起床就能神清氣爽，尤其是無法獲得充分睡眠的人，更是希望在短時間內有效地恢復疲勞。讓這件事變得可能的就是富士通的「神清氣爽鬧鐘」。

利用智慧型手機的感應器和麥克風來感應身體的動作與呼吸，在睡眠變淺時，鬧鐘便會響起。由於配合了睡眠的節奏，因此睜開眼睛之後會感到神清氣爽。

以前，必須要有很複雜的專門設備才能夠感應身體的動作和呼吸。然而，智慧型手機具備了所有可以用來當作替代品

的功能，就算沒有特殊的設備，一樣可以感應。據說富士通還提供另一項服務，就是利用智慧型手機的感應器分析身體傾斜的程度，提供維持身材的建議和慢跑的指導等。

這些服務會產生大量的資料，必須與雲端結合。因此，富士通才會發想將雲端和智慧型手機相乘。

這項服務是將雲端的熱賣因素「可以管理大量資料」，與智慧型手機的熱賣因素「同時具備多樣功能（GPS、加速度感應器、可以感應角度的陀螺儀、電子羅盤）相乘，實現了「在適當的時間點起床」的概念。

▼味之素（AJINOMOTO）的「Knorr杯湯」

Knorr 杯湯於 1964 年開始販售（編按：「Knorr」品牌在台灣以「VONO®」cup soup 品牌推出）。把歐美受歡迎的 Knorr 濃湯，針對日本的消費者喜好進行研究，綜合參考主婦的意見，並經過瑞士 Knorr 行政主廚 Obrist 的微調後開發完成。

一開始打著「早餐喝了沒？」的宣傳標語，強調杯湯是方

便的早餐選擇。然而，最近銷售量遇到了瓶頸，市占率也停
滯不前。

　　為此，廠商展開徹底的研究調查。結果發現，會在早餐喝
湯的人當中有 70% 都會吃麵包，但早餐吃麵包的人中卻只
有 12% 會喝湯。

　　為了改變這樣的消費習慣，於是將兩者相乘，提出「湯
和麵包同時享用」的概念。提議將麵包沾湯享用的「沾湯麵
包」，以及麵包浸泡在湯裡享用的「浸湯麵包」兩種吃法。

Knorr 杯湯（味之素株式會社）

「VONO®」cup soup 玉米濃湯
（台灣味之素公司）

湯和麵包搭配享用，湯可以讓麵包變得更柔軟濕潤，而麵包也會讓湯降到更容易飲用的溫度。

就算是比較不那麼新鮮的麵包，只要浸在湯裡也會變得美味。而在忙碌的早上，用麵包沾湯也可以讓熱呼呼的湯更容易入口。將麵包和湯相乘的結果，誕生的正是「讓早餐合理化」這個概念。

發想法④
3個熱銷因素相乘發想的「形態法」

　　指的是列出發想對象的多個屬性，將屬性與屬性的可能性
相乘，嘗試各種不同組合的發想法，由於與生物學的形態分
析類似，因此稱作「形態法」（Morphological）。

　　這個技巧是在 1940 年代初，由噴射機公司 Aerojet 的顧問
弗里茨 · 茲威基（Fritz Zwicky）所構思。茲威基後來從事
噴射引擎的開發。他構思出這個發想法，是因為他排除人類
容易陷入的先入為主觀念，以合理的方法面對問題。的確，
噴射引擎的開發是絕對不容一點錯誤。為了避免犯錯，必須
檢視所有可能性。

形態

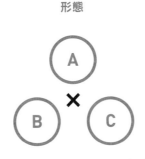

熱銷要素 A 與熱銷要素 B 及熱銷要素 C 相乘

本書將形態分析原本的想法做一些變化，把形態定義為 **3 個熱銷因素相乘**。

▼複合式印表機

複合式印表機整合了印表機、掃描機、影印機的功能，又稱作數位複合機或複合印表機，是近年來因影像資料數位化技術發達而誕生的產品。

印表機原本的熱賣因素是可以輸出資料，只要具有印刷功能可就以做到這一點。之後又加進掃描功能。掃描器原本和印表機是不同的機器，慢慢地演變成印表機內建的功能。

仔細想想，印表機是將「無形體的資料變成有形體的東西」，而掃描器則剛好相反，是將「有形體的東西變成無形體的資料」。也就是說，這二者是一體的兩面。電腦附屬的DVD、數位相機、PC 相機以及平板電腦等，這些東西的功能與印表機明顯不同，當然無法內建，但掃描器基於上述理由，非常適合與印表機結合。

另外又追加了影印的功能。影印的功能是「複製資料，成

為有形體的東西」，可說是結合印表和掃描的動作。也就是說，在「處理無形體的資料和有形體的東西的各種方法合而為一」的概念下，複合式印表機就此誕生。

只要一台，同時可以印刷、數位化、複印，複合式印表機讓資料的多元化變得可能。

▼富士軟片（FUJIFILM）的護膚品牌「艾詩緹」（ASTALIFT）

富士軟片以「機能型化妝品」為概念，成功打入化妝品市場。

說到富士軟片，大家多半會想到軟片或相機，和化妝品好像搭不上線。然而，能夠推出強調機能性的化妝品，正是因為有富士軟片所累積的底片技術當作後盾。

富士軟片長期研究將有美容效果的膠原蛋白應用在底片上的技術。另外，為了防止照片氧化，也同時進行抗氧化研究。再加上開發出超微粒科技，可以在輕薄的底片上調配扮演不同角色的化合物。

　　也就是說，艾詩緹的技術是「膠原蛋白」、「抗氧化技術」、「超微粒科技」三者相乘之下，才得以開發出「機能性化妝品」的新概念。商品配方包括可以抑制老化現象的抗氧化成分「蝦青素」，和可以促進抗氧化成分生成的「茄紅素」，將分子縮小至 70 奈米，提升肌膚的滲透度。

　　富士軟片正因為將在底片上累積的技術加上「形態法」的發想，才能開發出靈活運用獨家超微粒技術的商品。

ASTALIFT（富士軟片株式會社）

▼住宅能源的「三種神器」

東日本大地震後，日本的能源環境有了重大的改變。

大地震之前，以電氣為中心的「全電化」快速發展。用電加熱的電氣溫水器、用電烹調的 IH 調理爐，用電溫熱地板的地板暖房等，使用的能源都是電。

當時大家認為，不用火的電氣比較安全安心，而且電氣是可以無限製造的能源。然而，大地震之後，這種想法有了重大改變。

獲得眾人矚目的是住宅能源的「三種神器」，分別是太陽能發電系統、家庭用鋰離子蓄電池，以及 HEMS（家庭能源管理系統）。

太陽能發電系統大家應該都很熟悉。家庭用鋰離子蓄電池平時在夜裡儲存電力，緊急時則可以儲存太陽能發電機的電力。至於 HEMS 則可以測量住宅內消費及發電的電力，是讓電力的使用狀況和費用「透明化」的管理系統。

也就是說，將「製造」、「儲存」、「管理」電氣的三種屬性相乘，誕生「自家製造電氣加以儲存，並有效運用」的概念。

　　現代人用電理所當然，如果在家就能製造電，加以儲存，並有效運用，那麼這個世界也會有些改變。「形態法」的發想，結合「製造」、「儲存」、「管理」，才有可能創造出這個新概念。

發想法⑤
主流市場的熱銷因素應用在支流市場的「主流支流法」

　　主流市場的支流必定也是龐大的市場。因此，**主流市場的熱銷因素應用在支流市場的發想法也非常有效果**。

　　例如，洗衣機的熱賣因素是「可以自動洗衣」，可以進一步預測「洗得更乾淨」會是另一個熱賣因素。根據這樣的預測來研發洗衣精，必然會熱賣。更進一步可以預測「不僅洗得乾淨，衣服穿起來舒服」又會是另一個熱賣因素，如此開發出的柔軟精也會熱賣。

　　只要能夠靈活運用這個方式，就像預測網路普及而開始的購物網站樂天，以及預測智慧型手機普及而開發的應用程式

主流支流

將主流市場的熱銷因素應用在支流市場

「LINE」一般，可以獲得不同凡響的成功。

▼寵物熱潮與寵物食品

受到少子化影響，越來越多人把寵物當作孩子或孫子的替代品，對待寵物有如家人一般。預測到這樣的趨勢而開發寵物食品的人，可說是靈活運用了主流支流的發想法。

看看現在的寵物市場，寵物食品占 55.4%，寵物用品占 25.7%，寵物占 14.5%，寵物服務占 4.5%。寵物本身占有的比例不到 15%，但寵物食品卻占了超過半數。也就是說，比起寵物本身，寵物食品占了銷售成績的大部分。仔細想想，購買寵物支付的金額只有一次，但寵物食品是一日三餐，一年四季都必要的東西。因此，寵物食品的銷量金額才更驚人。

另外，寵物是「如家人般重要的成員」，從中即可預測其熱賣因素，為了照顧家人的健康，自然會特別在意食物。寵物的飼料已經不像以前是人類的剩菜，而是用高品質且有益健康的原料製成的寵物食品，因而成為熱賣因素。

最近還有為了不讓寵物快速老化而開發的寵物食品。例如，狗和貓的腿和腰容易老化，因此有強健腰部的寵物食品。狗食品中添加葡萄糖胺和軟骨素，幫助小狗維持關節的健康和身體的柔軟。另外，貓食品中則添加維生素 E 和 DHA，預防肌肉退化。

像這樣具有機能性的寵物食品市場逐漸擴大。從把寵物當作「重要家庭成員」的熱潮中，正確預測「注意健康」→「不衰老」的主流支流發展，因此能夠找出最適當的概念加以執行。

▼智慧型手機的應用程式「LINE」

「LINE」是可以免費通話或傳送訊息的智慧型手機應用程式。只要雙方的手機都有安裝 LINE 的程式，無關通信公司和手機型號，都可以撥打網路電話或傳送簡訊。此外，還可以多人同時進行群組對話。

日本國內外的使用者暴增，上線一年，日本國內的使用者超過 2500 萬人，全世界的使用者更超過 5000 萬人（編按：

至 2014 年 4 月已突破 4 億）。

這個應用程式的熱賣因素可說是集合了最適合智慧型手機使用的簡訊服務。原本是 IT 知識份子才會傾向使用智慧型手機，對於一般人或女性而言，操作起來也許會覺得比較困難或不太習慣。

而「LINE」首先想出簡單容易又讓人接受的介面設計，之後才開始研發系統程式，準確預測智慧型手機的支流必定會發展出「簡單、容易上手」的概念。這也讓「LINE」在短短 399 天內，使用者就突破了 5000 萬人。同樣的用戶數，facebook 卻花了 1325 日，而 twitter 則花了 1096 日才達成。

「LINE」考慮到智慧型手機的普及與使用者增加，將焦點放在支流，以支流期望的「簡單使用智慧型手機」為概念，並付諸實行。

▼TakaraTomy A.R.TS玩具公司的食玩系列「Okashina」

這個系列玩具是在長期熱銷的食品中，加入了玩具廠商特

有的趣味性。

這些熱銷飾品包括固力果乳業的「Pucchin Pudding」、赤城乳業的冰棒「Garigari 君」、明治的冰淇淋「明治 Essel Supper Cup」。這些都是小朋友最喜歡吃的東西，這些商品的支流可想而知是非常有潛力的。

針對 Pucchin Pudding，開發出 Okashina Pucchin Pudding 和 Pucchin Icecream。用這個玩具就可以做出冰淇淋般的布丁。撕開布丁的蓋子，插入專用棒，冰凍 6 小時後套上專用套子將布丁拉出來。把布丁放在塑膠甜筒上，就可以像吃冰淇淋一樣享用布丁。

據說這是注意到冷凍布丁在網路上掀起話題，預測將是夏天最轟動的商品，進而開發完成。

針對 Garigari 君開發出「Okashina 刨冰 Garigari 君」，用 Garigari 君冰棒做刨冰。Garigari 君單吃也很好吃，但做成刨冰後更可以享受到輕盈的口感。

明治 Essel Supper Cup 則開發出「Okashina 攪拌攪拌 Essel Supper Cup」。將水果、餅乾搗碎後加進冰淇淋裡，充分攪

拌均勻就可以變化出不同口味的冰淇淋，最大的優點在於可以大膽嘗試許多出人意料的組合。

　　這是在熱賣食品的支流創造出「食品玩具」的概念，加以落實而獲得成功。尤其，與食品沒有直接關係的玩具商竟然可以成功製造出食品的支流商品，更是值得讚賞。

發想法⑥
刻意將沒有關聯的因素相乘發想的「強制關聯法」

強制關聯指的是**刻意將沒有關聯的因素相乘的發想法**。與同樣是將因素相乘的「矩陣法」類似，可說是「矩陣法」的變形。

矩陣法沒有設定任何前提，只是將兩個熱賣因素相乘而已，而強制關聯法的前提則是，相乘的兩個因素之間沒有關聯。

例如飲料的發想。矩陣法一般是將顏色和口味、氣味和口味等關聯性強的因素相乘。然而，強制關聯法則是將概念和吉祥物、習慣和氛圍等沒有關聯的因素相乘。

強制關聯

要素 A 與毫無關聯的要素 B 相乘

　　刻意將沒有關聯的因素相乘可以從一般的禁忌中獲得解放，也可以避免在不知不覺中自我設限。**活用這個發想法，可以得到豐富的「意外」靈感。**

　　一般的發想，在思考 A 的時候會聯想到與 A 相關的東西。例如，針對手錶做發想的時候，一般會想到與手錶相近的飾品。應該不會有人把手錶和內褲放在一起，發想出具有手錶功能的內褲。

　　然而，正因為手錶和內褲是兩個完全不相關的東西，相乘之下非常有可能想出誰都沒有想過的點子。

▼拉麵飯

　　拉麵飯與其說是一種食物，更應該說是一種吃法。拉麵飯有段時期曾被說是窮人食品的代表，但最近有很多人為了享用拉麵的湯頭，而把飯加進湯裡。

　　話雖如此，但吃完拉麵之後又把飯加進拉麵湯裡享用的吃法，放眼全世界也非常少見。主食搭配菜餚是世界通用的形式，在日本是吃飯配菜，在美國則是吃麵包配菜，這是最基

本的組合。

菜餚＝「為了讓主食嘗起來更美味的配角」，而主食＝「提供身體能量的必需品」，分別是兩者的熱賣因素。就這個層面而言，菜餚與主食的組合可說是「矩陣」的發想法。

然而，拉麵飯的拉麵是主食，飯也是主食。將同為能量來源的要素相乘，這個組合本來可以說是非常奇怪，但強制關聯的重點就是刻意將原本很奇怪的要素相乘，因此拉麵飯堪稱是「強制關聯」的發想法。

拉麵飯的概念應該可以解釋作「享受最棒的主食」。

自從拉麵飯誕生以來，看到越來越多主食間的強制關聯。泡麵配飯糰、飯糰配麵包、蕎麥麵加飯的蕎麥飯、用拉麵的高湯製成的茶泡飯等，變化越來越多元。

▼火鍋湯底

火鍋湯底商品化的「火鍋湯底」非常受到歡迎。

火鍋湯底的市場接近 300 億日圓，十分可觀。最近流行的湯底包括泡菜豆腐鍋、拉麵鍋及起司豆漿鍋等。

　　現代人大多先決定湯底再決定火鍋料（蔬菜、魚、肉等）。這個傾向是從 2000 年的泡菜鍋開始的。

　　什錦火鍋的湯頭來自火鍋料的自然調和，但泡菜火鍋的湯底就一定是泡菜的味道，以這個味道為基礎，再加入其他火鍋料。換句話說，什錦火鍋取決於火鍋料，而泡菜火鍋則取決於湯底。

　　另外，雷曼兄弟金融風暴之後，消費習慣傾向節約和內食，市場出現了「如何讓豆芽菜等便宜食材變得更好吃？」的需求。察覺這股市場風向球的就是各家食品廠商。

　　例如番茄醬廠商可果美提出番茄鍋，咖哩塊廠商 House 食品提出咖哩鍋湯底，烤肉醬廠商 Moranbong 則想出韓國鍋，從湯底出發，開發出各種不同的火鍋。

　　就這樣，從昆布、柴魚等傳統／常見的火鍋湯底，到發揮各家特色的新奇／獨特的火鍋湯底，推出各式各樣不同味道的火鍋湯底。當中也可以看到像火鍋湯底 × 番茄這種完全無關的兩樣東西相乘的強制關聯發想。

　　由此發想下誕生的「食材不受限的美味」新概念引進火鍋湯底中，也使得不從食材出發，而是從湯頭出發的火鍋湯底大受歡迎。

甘熟番茄鍋（可果美株式會社）

▼麒麟的特保可樂

KIRIN Mets Cola 被認定為特定保健用食品，俗稱特保可樂。上市兩個月就賣出超過 200 萬箱，成為供不應求的熱賣商品。這項產品最大的特徵在於含有不易消化、名為糊精（dextrin）的食物纖維，進餐時可以抑制脂肪的吸收。

在商品開發階段，廠商首先注意到碳酸飲料的熱賣。廠商進行了調查，讓消費者從「無果汁的透明碳酸飲料」、「含果汁的透明碳酸飲料」、「含果汁的非透明碳酸飲料」、「可樂」中，選出最想嘗試的特保飲料種類。

事前預測，與健康形象相距甚遠的可樂應該和特保扯不上關係，但沒想到超過半數以上的消費者都希望把可樂做成特保飲料。原因是，許多 30 世代吃漢堡、披薩等所謂「垃圾食物」時，雖然想喝可樂，但顧慮到健康而不得不忍耐。

這些垃圾食物和可樂非常對味，很多人卻為了健康而忍耐。但如果喝了可樂反而可以抑制脂肪的吸收，那麼就可以一次實現「享用垃圾食物的美味」、「享用可樂的美味」、「不會吸收脂肪＝不會胖」等所有願望。

　　這個出乎意料的消費者需求，可樂和特保的強制關聯，讓
這個商品大受歡迎。可樂＝「垃圾食物的良伴」×特保＝
「可以抑制脂肪吸收」的強制關聯，創造出「好喝又可以抑
制脂肪吸收」的新觀念，因而大獲成功。

發想法⑦
維持熱賣現狀，做出些微改變的「微調法」

這是**維持既有熱賣因素，做出些微改變的發想法**。這個方法很簡單，但效果非常好。

針對平常吃喝或使用的東西思考「如果多了這一點會更好」或是「把這裡改了會更好」。與所謂的模仿很相似，但如果以符號表示，**模仿是 A（熱賣商品）→熱賣因素→ B（不同商品）**，而**微調則是 A（熱賣商品）→熱賣因素→ A'（熱賣商品的變形）**。

模仿是利用熱賣商品的熱賣因素製造一個似是而非的東西，但微調則是使用熱賣商品的熱賣因素，將熱賣商品做出

微調

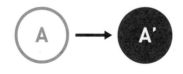

做出一個與 A 類似的 A'

些微的調整。

　　熱賣的零嘴經常可以看到這樣微調的例子。尤其是長期熱銷商品，只要經過些微調整，又可以掀起另一波熱潮。

▼拉麵丸

　　拉麵丸是將熱賣商品「Baby Star 點心麵」製成硬幣狀的商品，硬幣狀的點心麵放在杯麵的容器中，吃起來更方便。

　　Baby Star 點心麵是小朋友愛吃的零嘴，拉麵風味加上仙貝般的香脆口感是受歡迎的原因。另外，不像一般速食麵要煮過或用熱水泡開才能吃，隨時隨地可以享用是點心麵的另一個特點。

　　然而，點心麵也有缺點。伸進袋子裡拿取時手容易弄髒，而且只要打開，就算用橡皮筋綁緊也容易受潮。

　　將 Baby Star 點心麵經過微調改良而誕生的就是拉麵丸。首先，硬幣狀的拉麵丸拿取時更方便，也更容易入口，而且手也不容易弄髒。另外，由於容器是杯麵形狀，只要包上保鮮膜，就不怕受潮。這是維持「將小朋友喜歡的拉麵風味做

成像仙貝般香脆的零嘴」這個熱賣要素，再進一步改良的結果。

經過改良之後，不僅更受到小朋友歡迎，除了當零嘴之外，也可以當下酒菜。飲料店經常會拿一些乾貨當作下酒菜，但又細又零碎的點心麵配酒時吃起來不方便，但硬幣狀的拉麵丸一口一個，吃起來很方便，因此也可當作大人的下酒菜。

▼日清食品的「杯麵飯」

近年來受到薪資停滯不前的影響，消費者花錢也變得保守。新商品的數量雖然不斷增加，但很少出現可以在消費者心中扎根的熱銷品。

針對這樣的現況，日清食品將現有的長壽商品進行微調，開發出各式各樣的熱銷商品。利用「Brand Fight」的方法，相互借用公司內不同團隊負責的品牌。

首先是「杯麵飯」。米飯調味成拉麵風味，是微波食品團隊借用杯麵團隊的品牌所開發出的商品。

　　杯麵的粉絲喜歡杯麵的特殊風味，當然也會愛上拉麵風味的米飯。再加上只要微波就可以立即享用，既輕鬆又美味。像這樣開發出的杯麵飯，創造出每年高達 50 億日圓的商機。

　　另外，「日清炒麵 U.F.O 炒麵飯」是將長壽商品日清炒麵 U.F.O 的麵切碎與米飯拌勻而成的微波食品。這也是微波食品團隊借用杯麵炒麵團隊的品牌而開發出的產品。

　　日清食品另外還利用「Brand Cross」的微調法，相互借用集團內溫度不同的商品。例如，同集團的日清食品調理包借用杯麵品牌「麵の達人」，開發出「沾麵の達人」。另外還借用上述的杯麵飯品牌，開發出杯麵飯的冷凍食品。

　　以長壽商品為基礎，加上些微的調整所開發出的新商品，很容易就被市場接受。這就是微調的最大魅力。

▼麒麟啤酒的「一番搾啤酒冰沙（生）」

　　將啤酒泡沫冷凍飲用的「一番搾啤酒冰沙（生）」大獲好評，看來餐廳很快就會引進這種啤酒。

麒麟啤酒利用獨家技術將啤酒泡沫以 -5℃的低溫冷凍後放在一般啤酒上，屬於微調的商品。這項技術不僅為啤酒增添冰沙口感，完美弧度的泡沫和啤酒的冰冷度可以維持 30 分鐘之久。

這是針對現在越來越多年輕人不喝啤酒的現象所開發的商品。秉持著希望有更多年輕人知道「喝啤酒可以炒熱氣氛」的這項熱賣因素，進而開始研發。

喝啤酒主要是享受入喉的順暢感，一下子就喝完了。然而，最近的年輕人喝啤酒也會像喝調酒一般慢慢飲用。因此，許多年輕人對啤酒總有「一下就不冰了，不好喝」的印象。

為此，麒麟在「一邊聊天一邊慢慢飲用啤酒」的想法上，開發出把啤酒泡沫製成冰沙的專利技術。有了這項技術，才得以讓啤酒維持長時間的美味。將泡沫冷凍看似是一種噱頭，但在吸引年輕人喝啤酒上則發揮很大效果。

　　除了商品做出微調之外，藉由對目標族群做出微調，讓年輕族群也能感受到「喝啤酒可以炒熱氣氛」這項啤酒熱賣因素。

如何活用7種發想法

若想要活用上述 7 種發想法，首先必須掌握熱賣商品。平時可以去便利商店或級市，看看哪些新商品受到消費者歡迎，再去思考這些商品為什麼會受歡迎。另外，多閱讀報紙或物流專門雜誌上刊登的熱賣商品解說，具體了解熱賣因素也很重要。如果可能的話，除了商品之外，也試著了解商業模式，隨時隨地思考產品熱賣的原因，擁有自己的見解。

接著不斷從「移動」、「相乘」、「稍作改變」的三個角度思考這些熱賣因素。七個發想法也大致可以分為這三類，移動＝「延伸」、「轉換」、「主流支流」；相乘＝「矩陣」、「強制關聯」、「形態」；稍作改變＝「微調」。僅僅只有 3 大類而已，因此平時就請養成思考的習慣。

如此一來你會發現，很不可思議地，各種熱賣因素可以在腦中自由轉動，自然而然就會像古希臘數學家阿基米德頓悟時高呼「Eureka！」（我發現了！）一般，找到靈感。這 7 個發想法能夠幫助你創造出嶄新的概念。

02

概念具體化

　　這章將針對商品企畫，特別是**創造商品特色的方式**加以說明。商品特色的專業用語稱作 USP（Unique Selling Proposition，獨特賣點）。擁有獨特賣點的商品將會提高熱賣的可能性。

　　利用 Part 1 的發想方式構思商品概念，再將概念具體化，便可以構思商品和商品特色，這時最適用的方式是「**奧斯本檢核表**」。

　　Part 1 介紹的 7 種發想法可以自由發揮，但當主題和對象都很明確的時候則適用奧斯本檢核表。也就是說，概念可以天馬行空，**但當概念確定需要構思具體商品時，適用針對特定主題、對象的奧斯本檢核表。**

　　這個「檢核表」是由開發出腦力激盪法（Brainstorming）而聞名的 BBDO 廣告公司創辦人奧斯本（Alex Osborn）所構思的方式。

　　美國麻省理工學院創造工程研究室（M.I.T Creative Engineering Laboratory）從奧斯本的著作中選出九項，編製

成「奧斯本檢核表」，表中列舉產生創意的關鍵字。本書將
針對如何將檢核表應用在商品企畫做出說明，但檢核表還
可以用在構思概念、宣傳標語，或為商品命名上。

商品「轉用」在其他事物

　　檢核表的第一項是「轉用」。這是思考既存商品是否可以用在其他事物上的發想方式。

　　思考**「是否可以轉作他用？」**、**「在維持現況下是否有其他用途？」**、**「改造或改良後是否有新的用途？」**，構思新的商品。

　　用「轉用法」思考熱賣商品「iPad」，可以發想出不同的商品特色。

　　iPad 是蘋果推出的平板電腦，上市之初有兩種類型，WiFi 類型的 16GB 平板電腦要價 48800 日圓起，WiFi+3G 類型的

轉用

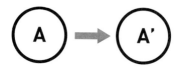

● 是否有新的用途？　　● 改良後是否有新的用途？

16GB 平板電腦要價 61800 日圓起。

在日本的宣傳標語是「革命性的魔法裝置。令人難以置信的價格。」輕薄的機身搭配 9.7 吋的多點觸控面板，上市前就備受矚目，僅僅三天就預購一空。開賣當天，銀座的蘋果專賣店前大排長龍，超過 1200 人排隊購買。

直覺性操作，而且可以上網、收發電子郵件、閱覽影片或電子書，只要有了這一台，躺在客廳的沙發上就可以輕鬆上網，看到想要的東西，也可以隨時網購。

這種新型態的網路購物帶給年長者很大的衝擊，晚飯後上網購物，逐漸成為新的購物方式。

另外，躺在客廳沙發上就可以觀賞影片這一點也創造出新的生活型態。在客廳看電視放鬆是自昭和時代就開始的日常生活型態，現在卻逐漸演變成「在客廳看網路影片」。

而且，正如宣傳標語所說，iPad 的確是宛如「魔法」的「革命性」商品。

產品概念就是「實現無壓力的資訊生活」。

網路的確非常方便，但每個家庭的電腦多是放在固定位置，都是坐在椅子上使用。要是這麼麻煩，還不如躺在沙發上看電視比較輕鬆。

然而，iPad 是無線裝置，可以拿著到處走。另外，由於非常輕薄，躺著使用也不會嫌累。

也就是說，iPad 解決了消費者目前感受到的挫折和不便，創造出新型態的資訊生活。

話雖如此，仔細觀察 iPad 的機能和規格，其實和蘋果熱賣的另一項商品 iPhone 沒什麼太大區別，唯一的不同只在大小。

從這裡可以推測，對於熱賣的 iPhone，消費者存在著「雖然很方便，但螢幕太小，操作起來不方便」的不滿。

因此，蘋果將 iPhone 轉用，加大螢幕尺寸，進而構思出「大型多點觸控面板」的商品特色。

因為這項商品特色，才能讓消費者在沒有壓力的情況下收集資訊，解決了覺得「iPhone 雖然便利，但太小很難用」的消費者不滿。

iPad（Apple Japan, Inc.）

對此不滿的人，恐怕是 30 至 40 歲左右的男性。這是因為初期的 iPad，最先蜂擁而至的就是這個年齡層的消費者。這些人晚上在家用 iPad 看電子書、上網、觀賞影片等，大大滿足的他們會向周遭的人宣傳這項商品。

在這樣口耳相傳之下，iPad 立刻暢銷。

商品改造「應用」

接下來是「應用」。這是在既有商品上做出一些改變，看看能否有更好用途的發想法。

想想「**是否有類似的東西？**」、「**過去是否有類似的東西？**」、「**有沒有可以模仿的地方？**」，構思新的產品。

熱銷商品「Calorism」正是利用這個應用方式，改良長壽商品計步器，開發出新的商品。

Calorism 是 TANITA 公司推出的活動量計測器。大家也許沒聽過什麼叫做活動量計，這是可以計算比走路更細膩的身體活動量的測量器。價格可供議價，一般量販店以 7980 日圓左右的價格販售，顏色有金屬黑和珍珠白兩款。

只要將 Calorism 戴在身上，就可以輕鬆掌握一天消耗的熱量。也就是說，包括做家事或辦公等各種身體活動，Calorism 都可以計算所消耗的熱量。

計步器可以計算走路時消耗的熱量，但無法測量走路以外的其他身體活動，無法正確掌握一整天消耗的熱量。然而，擦窗戶、洗廁所、擦鞋等動作的活動量其實也不少，尤其是烹飪，必須出門買菜、備料、炒菜，活動量相當大。

Calorism 的特色在於可以將這些活動量換算成消耗的熱量。正確掌握每天消耗的熱量，配合攝取的食物和飲料，就可以有效控制熱量。換句話說，可以正確判斷每日應攝取多少熱量是 Calorism 的最大優點。

至於為什麼需要正確掌握消耗和攝取的熱量呢？那是因為最近越來越多年輕人講究的不是瘦身，而是「希望維持現在的體型」。吃太多或太少都不好，希望可以配合自己每日消耗的熱量，正確攝取身體所需的食物。

對於這種人，Calorism 是再適合不過的產品了。當然也很

應用

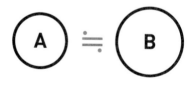

● 是否有類似的東西？　● 過去是否有類似的東西？　● 有沒有可以模仿的地方？

適合有「希望可以順利瘦身」、「希望改善代謝症候群」等需求的人。也就是說，這項商品可以實現有「輕鬆管理身體健康」需求者的願望。

因此，這項產品概念可以歸納為「實現攝取與消耗間的平衡」。

談到健康，除了消耗的熱量，也得考慮到攝取量才能維持平衡。這是進入 21 世紀超過 10 年的現代人特有的合理需求。以前的計步器是無法實現這個願望的。

TANITA 公司應用過去的計步器，構思開發可以測量身體所有活動的活動量計。為此，不可或缺的是「測量總消耗熱量」這項商品特色。唯有做到這一點，才能在健康管理上實現「零的價值」。這個「零的價值」指的是維持纖細的體型（＝維持零）的價值，以及享瘦又能維持健康（＝零→加分）的價值。

減重容易破壞體重與身體健康的平衡，一般會有不健康的印象。然而，只要使用 Calorism 便可以控制體重，擁有瘦得很健康的身體。

　　想輕鬆管理自己健康的 40 歲男女對這項產品可說趨之若鶩。同時，商品的新價值也吸引了從來沒買過這類產品的年輕族群，因而大受歡迎。

「改變」商品

檢核表的第三項是「改變」。這是在既有商品上做出一些改變，看看能否用在其他事物的發想法。

想想「是否有其他觀點？」、「改變顏色、聲音、味道、含義、動作、形狀等會如何？」，構思新的商品。

熱賣商品「液態味噌」正因為將過去固態的味噌改變為液體，因而暢銷。

「液態味噌」是 Marukome 公司推出的液體狀高湯味噌。不需要像過去的味噌多一道融化的手續，只要倒進熱水裡就可以輕鬆做出味噌湯。

一瓶 500 克，大約可以煮出 30 碗味噌湯，市售價格一瓶約 350 日圓（不含稅）。

這是為了解決消費者「融解味噌既費時又麻煩」、「味噌無法充分融解」等對普通味噌的不滿而開發出的商品。另外，加了柴魚和昆布的高湯，只要有這一瓶，就可以煮出美味的味噌湯。

不僅美味，節省時間這點也是商品的魅力。一般融解味噌費工又費時，但液態味噌只要倒進熱水裡馬上就完成了。

　　另外，大容量也是另一項魅力。一瓶液態味噌可供應四口家庭一個禮拜每天早餐所需的味噌湯。

　　只要使用量匙，就算是料理初學者也可以煮出好湯。液態味噌裝在寶特瓶裡，放在冰箱保存也很方便，不會浪費。

　　正因為使用起來很方便，上市後出貨量順利攀升，推出三個月，累積出貨量就達到 100 萬瓶。這是 Marukome 公司推出的第一個熱銷新商品。

改變

顏色、聲音、味道、含義、動作、樣式、形狀等，改變了會如何？

　　這個商品概念可以歸納為「實現口味的均質化」。對於不懂烹飪的人來說，如果是傳統味噌，搞不清楚到底要加多少，而且又無法充分融解。煮出來的味道每次都不一樣，有的時候濃，有的時候淡。

　　就拿新婚夫婦來說。先生喝慣了媽媽每天煮的同一種味道的味噌湯。然而，新婚太太的習慣不同，煮出來的味噌湯每天味道都不一樣，喝起來也不怎麼美味。於是先生的湯都喝不完，甚至說出「每天味道都不一樣」、「不好喝」這樣的話。太太也開始覺得「我不太會煮味噌湯，還是不煮好了」，而漸漸遠離味噌湯。

　　這對 Marukome 公司可是個大問題。如果不能解決這樣的問題，姑且不論銷量，味噌湯在家中的存亡都變得很危險。

　　於是，為了解決這樣的問題，Marukome 公司改變了「固態」這個味噌根本的性質，製成液態味噌。另外又加入高湯，開發出「液體高湯味噌」的商品特色。這項產品成功了，大家隨時都可以快速煮出美味的味噌湯。

　　這項產品為味噌帶進了「均質化」的新標準，獲得過往因
「味噌湯的味道很難統一，煮起來又費時」而對味噌湯敬而
遠之的 20 至 30 歲家庭主婦的支持，成為熱銷商品。

液態味噌　料亭的味道（Marukome 株式會社）

商品加進新元素「擴大」

「擴大」是指擴大既有商品，思考能否用在其他事物的發想法。

　　想想「**是否可以添加其他要素？**」、「**是否可以重複、增加、擴大、誇張時間、頻率、高度、長度、強度等？**」，構思新產品。

　　熱賣商品文字處理機「Pomera」利用擴大，發想出商品特色。

　　Pomera 是 King Jim 公司推出的電子記事本，沒有上網或收發電子郵件的功能，只有利用附屬的鍵盤輸入、記錄文書的單一功能。製造商希望零售價格為 27300 日圓（含稅）。

　　開會的時候一定會記筆記。發會議記錄給與會者傳閱，則必須用電腦輸入。傳閱手寫筆記不太禮貌，而且就算字跡工整，也不能直接用在報告書或企畫書中。

　　然而，筆記型電腦又重又有許多不必要的功能。另外，電池的電力不持久，使用時必須隨時注意電池殘量，想著何時該充電。也有人會用手機記錄，但手機不適合用來寫很長的文章。

就像這樣，沒有一樣裝置可以完美執行「以數位方式記筆記，完成的資料也能靈活運用」這項任務。Pomera 就是在這樣的背景下誕生的產品。這個數位筆記本附有鍵盤，體積小重量輕，只需使用乾電池就可以長時間運作。

Pomera 說到底就只是「筆記本」，因此沒有太強大的功能。例如，無法標示行碼，也無法任意設定換行位置。因此，如果要設定格式或段落等，就得多一道把打好的筆記傳送到電腦的手續。

擴大

● 添加其他要素 ● 增加時間或次數 ● 重複或相乘

　　然而，Pomera 設想的使用場合是商業人士在會議上做記錄，或是在移動中做筆記等。

　　在現代，所有設備都強調功能豐富，這項產品的單純反而在上市前就引爆話題，首批商品很快就搶購一空，上市半年銷售量達到目標的 3 萬台。

　　這個商品概念可以歸納為「提升知識的生產力」。

　　人人都可隨手寫筆記，但在數位時代，想要活用手寫筆記十分困難。話雖如此，能夠數位輸入的各種設備也都有其優缺點。如果有個商品可以解決上述所有問題，那麼知識的生產力就能夠大幅提升。

　　為此，研發者擴大類比筆記，只集中在數位輸入這一項功能，研發出「數位筆記」這項商品特色。

　　Pomera 擁有最適合記筆記的功能，有了這項商品，比起用手寫、PC、手機等記錄，知識的產能大幅提升。這一點獲得好評，立刻吸引以前用手寫或電腦輸入會議記錄的商業人士，或是用手機書寫部落格草稿的部落客注目。

　　數位筆記屬於全新的領域，雖然一開始有不知道在何處

販售的問題，但顧客不辭辛勞，到各大賣場尋找或是上網購買，費盡心思就是要買到 Pomera。從這裡也可以看出它是掌握消費者需求的商品。

商品去除某種元素「縮小」

「縮小」指的是縮小既存商品，看看能否用在其他事物的發想法。

想想**「是否可以去除某種元素？」、「是否可以做得更小？」、「是否可以減弱？」、「是否可以下降？」、「是否可以縮短？」、「是否可以省略某種元素？」、「是否可以分解某種元素」**，構思新的商品。

熱賣商品「自動除菌離子產生器」，利用縮小構思出商品特色。

自動除菌離子（Plasmacluster）是夏普公司開發的技術，可以去除空氣中的雜菌，讓空氣中的水分子以葡萄串的形狀（cluster）包覆正負離子，釋放出安定的自動除菌離子，進而去除空氣中的黴菌和臭味，另外還可以去除靜電。

過去，當負離子蔚為風潮的時候，日本家電廠商的商品都有產生負離子的功能。之後，夏普率先開發出可以同時釋放正離子和負離子的獨家技術＝自動除菌離子技術，應用在空氣清淨機「KIREION」系列，以及冷氣和冰箱上。這項技術可以去除黴菌、臭味，以及靜電，常保室內空氣清淨，大獲

好評。

　夏普進一步提升產生器的性能，推出搭載自動除菌離子的高濃度離子產生器「IG-A100」。價格大約是 25000 日圓，上市半年，賣出超過 20 萬台。

　這個商品概念可以歸納為「實現更高品質的生活」。

　受到雷曼兄弟金融風暴和東日本大地震的影響，人們重視在家與家人相處，過去外出或外食享受奢華生活，現在關心的重點轉移到與家人共住的「家」和共享的「食」。

縮小

● 去除某些要素　● 壓縮、變小、分割、去除　● 變薄、變輕、變低、變短

　　話雖如此，但沒錢可以買新家或租新屋。為此，人們開始重視提高現有住宅的生活品質。一般人很少從房子的品質這個角度思考，到底如何用較低的價格來提高品質呢？答案就是「空氣」。

　　這是夏普從搭載離子產生器的冷氣中獲得的靈感和經驗。開冷氣不僅讓空氣變得涼爽，還可以讓空氣變得更清新。空氣清新，自然就不會有令人厭惡的臭味，呼吸起來的感覺也特別不一樣，在家裡就可以感受到外出郊遊時的清新空氣。

　　這是從「全體」縮小至「部分」，針對「部分高品質」的想法。從中構思出「高濃度自動除菌離子」這個新商品。

　　這項技術讓空氣清淨機可以吸附四周的灰塵髒污，讓房間的空氣變得更清新。這抓住了想去除家中臭味或黴菌者的心，尤其是 30 至 40 歲已婚有小孩的男性，而獲得消費者的支持。

商品以其他人事物或能源「替代」

　　檢核表接下來的項目是「替代」。這是思考以替代現存商品的方式，看看能否用在其他事物的發想法。

　　想想「是否可以使用其他成分、元素、原料、材料替代？」、「是否可以用其他過程代替？」、「是否可以用其他場所替代？」、「是否可以其他進行方式替代？」、「是否可以用其他聲音或色調替代？」、「是否可以用其他人替代？」，開發新的商品。

　　熱賣商品「Pianta」利用替代，構思出商品特色。

　　Pianta 是本田公司推出的以罐裝瓦斯為燃料的家庭用耕耘機。價格為 104,790 日圓。Pianta 是義大利文，意指植物和草木。

　　這項產品做到了三個「簡單」，分別是「燃料使用簡單」、「移動和收納簡單」，以及「操作簡單」。攜帶式瓦斯爐在一般家庭十分普及，這項商品使用罐裝瓦斯為燃料，啟動機器和充填燃料時非常簡單，就連初學者也可輕鬆享受園藝或家庭菜園之樂。另外，搭配不會把收納處弄髒的攜帶盒，以及方便移動的滾輪架，無論是收納或移動都非常簡單方便。

　　過去，個人耕耘機的燃料多半是石油，使用起來必須特別注意。如今，Pianta 的燃料為罐裝瓦斯，使用方式簡單，只要把罐裝瓦斯裝在指定位置，一壓就可以裝上或取出。另外設計有防止混入罐裝瓦斯不純物質的構造。燃料很持久，一罐瓦斯（250 克）可以使用一小時，耕耘約 32 坪（106 平方公尺）的田地。

替代

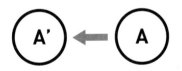

● 替代人、物、能源　● 使用其他的方法或過程

　　商品宣傳則採用電視廣告、官網以及新聞媒體等，以「用罐裝瓦斯就能啟動，女性也能輕鬆操作的時尚耕耘機登場」、「給從現在開始想要種菜或從事園藝活動的你」等當作商品訴求。

　　這樣的訴求獲得初學者的青睞，Pianta 立刻熱賣。在此之前購入耕耘機的多半是 50 至 60 歲的男性，但購入 Pianta 的多半是女性。結果，上市僅僅一個月，就賣出 3500 台以上，超過一年目標數字 6000 台的一半。

　　這個商品概念可以歸納為「帶給喜歡自己動手做的人成就感」。

　　喜歡自己動手做的人，一開始可能只是澆澆水或是翻翻土就可以得到滿足，但繼續發展下去，慢慢就會對耕耘機產生興趣。

　　再說，舊有的耕耘機以石油為原料，取得不便，使用起來也稱不上簡單。

　　此時，利用「替代」的發想方式，想出以瓦斯罐代替石油為燃料，進而發展出「瓦斯迷你耕耘機」的商品特色。

　　這項商品的開發，讓耕耘機從原本給重度使用者耕種菜園時使用的機器，轉變為喜歡自己動手做的初學者也能簡單使用的機器。拜這個轉變所賜，20 至 40 歲的女性、夫妻，以及住在城市大樓的人，只要有了 Pianta，就可以享受園藝或耕種家庭菜園的樂趣。

改變商品「重組」

「重組」是思考既有商品經過重新排列後，能否用在其他事物的發想法。

想想**「是否可以重組構成要素？」、「模式、順序、架構是否可以變更？」、「速度或時程是否可以改變？」、「原因和結果是否可以交換？」**，構思新的商品。

熱賣商品「合利他命 R」利用「重組」，構思出商品特色。

「合利他命 R」是武田藥品工業發售的營養補充飲料。一瓶容量 80 毫升，零售價為 315 日圓（含稅）。

營養補充飲料最適合出現在已經很疲倦，但還得繼續努力打拚的工作場景。另外給人的印象是，男性比女性更適合飲用。

然而，「合利他命 R」鎖定上班族女性，是為了療癒女性工作一整天的疲憊身軀而開發的飲品。

因此，飲料中添加薰衣草和葡萄柚的香氣，且沒有添加幾乎所有營養補充飲料都會添加的咖啡因。最適合就寢前想要消除疲勞時飲用。

於是，廠商將這項商品的飲用時間點設定在就寢前，提出

了「睡前飲用」這個一般營養補充飲料所沒有的構想。起用女演員松下奈緒，以「消除一天疲勞，重新啟動」為標語，展開一系列宣傳活動。

這個商品概念可以歸納為「期待爽快的明日」。

受到最近不景氣影響，人人都奮力工作，許多女性也工作到很晚。很多人忙到連晚餐都沒有時間吃。

回到家都已經深夜 11、12 點，這時才吃晚餐又擔心會變

重組

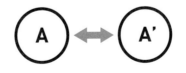

● 要素重新排列　● 調整順序　● 原因和結果對調

胖或對皮膚造成負擔。而且實在太累了，只想趕快洗澡上床睡覺。但是，如果什麼都不吃就睡覺，又擔心明天早上沒有元氣。明天還有一大堆工作要完成。

這時，如果有一瓶營養補給飲料，只要一瓶喝下肚，隔天早上醒來就會覺得神精氣爽，那該有多好？

在這樣的消費者需求下，提出了「期待爽快的明日」概念，想必是利用「重新排列」的方式。將一般認為是白天飲

合利他命 R（武田藥品工業株式會社）

用的營養補充飲料改成夜用，構思出「無咖啡因的營養補充飲料」的商品特色。

　　藉此將營養補充飲料從會議前為了打起精神喝的飲料，變成睡前放鬆時為了補充營養而喝的飲料。這項商品特色獲得工作後身體覺得疲倦的上班族女性支持，成為熱賣商品。

商品「顛倒」用在其他事物

「顛倒」是思考現存商品顛倒後，是否可用在其他事物的發想法。

想想「**是否可以上下顛倒？**」、「**是否可以向後發展？**」、「**擔任的角色是否可以顛倒？**」、「**立場是否可以顛倒？**」、「**是否可以打破常規？**」、「**是否可以替換？**」，構思新的商品。

熱賣商品「KIRIN Free」利用「顛倒」，構思出了商品特色。

KIRIN Free 是麒麟啤酒推出的無酒精飲料。麒麟公司研發出獨家「無酒精製法」技術，首度成功地推出喝得到啤酒味但酒精濃度為 0.00% 的飲料。靈活運用啤酒的麥汁製造技術和香味調和技術，開發出有滿足感的清爽美味。

之前的類似商品都還是含有微量的酒精成分。然而 KIRIN Free 完全不含酒精。因此，KIRIN Free 與其他無酒精飲料不同，就算之後要開車，也可以安心飲用。

麒麟啤酒為了證明 KIRIN Free 完全不含酒精，參考警察廳科學警察研究所的論文，進行駕車模擬實驗。如果通過專門

取締酒醉駕車的警察駕車模擬，沒有比這個更好的證明。實驗結果證明了就算喝 KIRIN Free，也不會影響駕車能力。

另外，配合商品上市，麒麟公司還在連接神奈川縣川崎市和千葉縣木更津市的東京灣橫斷公路「海上螢火蟲」休息站，舉辦了紀念活動。讓消費者實際喝下 KIRIN Free，進行駕車模擬的安全實驗。

當然，喝了 KIRIN Free 後檢測不出任何酒精成分，這個活動非常成功，得到很好的宣傳效果。

顛倒

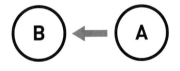

● 正反對調 ● 裡外對調 ● 上下對調

KIRIN Free 2009 年上市時，銷售數字向上修正 2.5 倍，約 160 萬箱（以大瓶換算約 2 萬公秉）。當初預估一年的銷售量約為 63 萬箱（約 8000 公秉），但 4 月上市第一個月就賣出 34 萬箱（約 4300 公秉），大幅超出預估。

這個商品概念可以歸納為「擴大享受啤酒的場合」。

現在的年輕人不太喝啤酒，如果只是從啤酒流向發泡酒或是第三類啤酒（編按：用大麥芽以外的原料釀製的啤酒）的話還好，但事實上現在的年輕人遠離啤酒這類飲料，再這麼下去，啤酒類飲料的市場將會越來越萎縮。

為此，麒麟啤酒選擇的不是吸引年輕族群的消費者，而是將重點放在提升啤酒類消費者的消費次數。只要消費次數增加，在以前不喝啤酒的時間（例如早上或工作中），或是不喝啤酒的場合（像是開車或運動時）也可以開始喝啤酒。

正是這個逆向思考，創造出「將啤酒的酒精濃度降到零」的構想。只要實現這個構想，就可以在全世界首度開創「無酒精飲料的酒精濃度為 0.00%」的商品特色。麒麟啤酒成功實現了這個構想。

　　因為有了這項商品，消費者對啤酒的想法從「因為會喝醉，只能在特定場合飲用」，轉變為「無論何時何地都可以享用」的飲料。剛上市的時候，受到打高爾夫球、BBQ 等經常開車外出的啤酒愛好者好評，大大熱賣。

「結合」不同商品的優點

檢核表的最後一項是「結合」。思考結合現有商品的優點，能否用在其他事物的發想法。

想想**「構成要素、目的、賣點、想法是否可以結合？」、「是否可以混合？」、「是否可以重組？」**，構思新的商品。

熱賣商品「溫和醋」利用「結合」，構思出商品特色。

溫和醋是 Mizukan 公司推出的商品，一瓶容量 360 毫升，實際售價在 248-258 日圓之間。這項商品降低了醋特有的嗆鼻味和酸味，口感十分溫和。Mizukan 公司在研發時，希望可以做到三種「溫和」。

①不刺鼻的「溫和」口感。

②經過「溫和」調味，使用方便。

③添加食醋，對身體「溫和」。

如果是這種溫和醋，就算是不喜歡醋特有的嗆鼻味或酸味的人也很容易接受。另外，由於口味溫和，很容易就可依照個人喜愛調整料理的味道。當然也可以與其他調味料混合，或是直接使用也非常美味。

大家對於醋有一種健康食品的印象，很多場合都會用到

醋，但問題在於使用起來不是那麼容易上手。尤其許多人對「嗆鼻的氣味和酸味」十分感冒。為此，Mizukan 公司調和除了具有揮發性的醋酸以外的多種有機酸（果汁等），開發出「不嗆鼻，酸味不明顯」的醋。

另外在宣傳上，與食譜網站 Cookpad 合作，解決了消費者「想不出來可以用醋做什麼菜」的問題。

Mizukan 與 Cookpad 合作舉辦「使用溫和醋的美味食譜比賽」，除了募集到許多食譜，也成功幫助許多人克服對醋的

結合

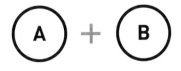

● 結合目的、點子　● 組成團體

反感。這些活動讓 Mizukan 抓住了許多原本不喜歡吃醋的消費者，上市 10 週，銷售量就超過 100 萬瓶，十分驚人。另外，從商品上市的 2009 年 2 月起，一年賣出約 450 萬瓶。

這項商品概念可以歸納為「同時獲得美味與健康的滿足感」。

大家都知道醋對身體好，但還是有人不喜歡醋的味道。嗆鼻的氣味、咬舌的酸味，許多人因為不喜歡這兩點，所以對醋敬而遠之。

於是，Mizukan 公司利用「結合」的方式，想出「兼具美味與健康」的概念。為了實現這樣的概念，構思出「減輕酸味的溫和口味」的商品特色，成功將消費者對醋的印象從「對健康有益，但有一股獨特的氣味和酸味，使用起來不方便」，轉變為「既美味又對身體好」。

這種觀念的轉換抓住了日日為家人健康著想的主婦的心，也讓「溫和醋」大賣。

如何活用「奧斯本檢核表」

　　奧斯本檢核表的最大魅力是，只要重新思考既有商品，就可以開創出全新的商品。

　　因此，首先最重要的是找出現有商品中，只要想法稍加改變就可能改頭換面的熱賣商品。

　　從上述案例中可以發現，計步器、味噌、筆記本、營養補充飲料、醋等，**這些已經是成熟市場、任誰都覺得是理所當然的商品，但重點就是著眼在這樣的商品**。換句話說，這些商品具有市場性，只需要加以改良，創造出全新商品的可能性非常高。

　　第二步就是重新思考這樣的商品。檢核表中有些想法很容易懂，有些想法比較複雜。比較容易的包括擴大、縮小、改變、顛倒、重組以及結合，這些只要依照字面上的意義思考即可。

　　比較困難的是轉用、替代以及應用。這些字眼本身的意義就比較難懂，改寫成英文，轉用是 other use，替代為 substitute，應用則是 adapt，意思比較明確。

　　iPad 是 iPhone 的「other use」。瓦斯罐「substitute」石

油，開發出 Pianta。「Adapt」計步器（這裡當作改造的意思），開發出 Calorism。就像這樣，從案例中應該會比較容易理解。

03

如何收集必要的資訊

　　這章將說明如何收集並分析資訊，判斷**想要進入的市場是否有前景、預想的顧客是否是真正的目標族群、構思的概念或商品企畫的勝算高低**等。

　　一般人都會認為，資訊收集越多越好。尤其是初學者，多以收集大量資訊為目標。利用電腦到處搜尋，或是關在資料室好幾天，收集觸目所及的資訊。

　　然而，**就算收集了這麼多資訊，其實大部分都用不上**。為了讓自己安心而收集大量資訊，結果找來一堆沒有意義的資料，每次卻又繼續重複這個徒勞無功的過程。

　　不過，寫了 50 份企畫書之後你慢慢就會發現，這其實是不必要的手續。而且，一忙起來，也不可能像初學者有那麼多時間收集資訊。因此，自然而然就只會收集真正需要的資訊。

　　真正需要的資訊是「市場」、「競爭對手」、「顧客」、「選擇基準」這四項。

　　只要掌握市場的規模、成長性，以及市場的結構，就可以判斷是否要進入市場，或是要設定多少銷售目標。只要掌握

競爭對手，就可以判斷自己到底與誰競爭，要用什麼策略迎戰，並判斷不與誰為敵。只要掌握選擇基準，就可以判斷要用什麼樣的商品價值進入市場。如果價格是消費者的選擇基準，那麼價格設定就會是重點，而如果消費者的選擇基準是品牌，那麼就必須重視品牌經營。

這些資訊只要善用網路，在公家機關或是業界的網站上就可以輕易找到相關資料，再加上市售的各類書籍，就可以收集到更完整的資訊。

也就是說，除了難度比較高的案子，就算不實際調查一番，也可以從網路或書上找到需要的資訊。

閱讀與分析資訊的方法

下面就根據具體的事例，實際說明如何分析資訊。

以在停滯不前的麵包市場開發擁有新價值的麵包為例，一起思考要進行哪些分析。

首先是**市場分析**。

在日本農林水產省官網搜尋綜合食料局提供的「依麵包的用途分類　麵粉出貨量的變化」資料。對這項資料加以分析，看看**市場的規模大小如何？各種麵包的市占率如何？市場的成長性又如何？**

資料的圖表是以時間為軸，將各類麵包的市占率加總而成的長條圖。只要看最後一個長條，就可以掌握現在的市場規模，看各個長條就可以掌握市場的結構和變化。另外，看長條圖整體的變化，則可以掌握市場的成長率。

資料顯示，現有的市場規模下，麵粉的使用量為 121.1 萬噸，換算成銷售總額為 1 兆 3336 億日圓，規模十分龐大。

另外也可以看到，根據末端各通路的市場規模，第一名是零售麵包店的 4052 億日圓（30.4%），第二名是量販店的 3640 億日圓（27.3％），第三名則是便利商店的 3494 億日

★ 依麵包的用途分類　麵粉出貨量的變化

- ■ 其他麵包（法國麵包、麵包捲、可頌等）
- ■ 學校營養午餐麵包
- ■ 甜麵包（糖類含量 10% 以上的紅豆麵包等）
- ■ 土司（一般土司、山形土司等）

（萬噸）

出處：日本農林水產省綜合食料局資料

市場規模	**市占率**	**成長性**
銷售總額	土司　　　　　38.2%	麵包的整體市場規模有
1 兆 3,336 億日圓	甜麵包　　　　25.5%	縮小的趨勢
麵粉使用量	其他麵包　　　14.6%	土司有減少的傾向
121.1 萬噸		甜麵包有增加的現象
末端各通路的市場規模	甜麵包的市占率逐漸擴大。	
第 1 名 零售麵包店	這是因為甜麵包擁有「一食	
4,052 億日圓（30.4%）	完結型」（吃之前不需要烤	
第 2 名 量販店	或在麵包上塗抹東西）的特	
3,640 億日圓（27.3%）	色，滿足了消費者追求方便	
第 3 名 CVS	的需求。	
3,494 億日圓（26.2%）		
出處：矢野經濟研究所 2007 年版麵包市場的展望與策略		

圓（26.2％）。雖然排名第三，但便利商店竟然賣出這麼多麵包，真是讓人吃驚。

銷售總額、麵粉使用量以及末端各通路的市場規模是參考矢野經濟研究所發行的專刊。這個智囊團發行的專刊整理了各項資料，使用起來非常方便。

接下來是市占率。從麵粉的出貨量可以看到土司麵包（一般土司、山形土司等）占 38.2％，甜麵包（紅豆麵包等糖類含量 10% 以上的麵包）占 25.5％，其他麵包（法國麵包、麵包捲、可頌等）則占 14.6％。

隨著時間軸可以看出，只有甜麵包的麵粉出貨量和市占率有擴大的趨勢。這應該是因為甜麵包的「一食完結型」特色（吃前不需要烤或在麵包上塗抹東西），滿足了消費者追求方便的需求。

最後再看到成長性。麵包的整體市場規模有縮小趨勢，可以看出土司市場規模縮小是造成麵包整體市場規模縮小的原因。然而，甜麵包的市場規模則有擴大現象。因此，如果要開發新款麵包，可以推測甜麵包比較有發展性。

掌握業界的競爭關係

接下來一起思考**競爭關係**。首先確認企業的競爭地位如何，思考該如何應戰。

專業書籍提到，如果想在市場上脫穎而出，必須掌握以下四個重點：

①確定在哪個市場競爭。

②掌握該市場的動向。

③推測競爭對手投入多少經營資源在該市場。

④相較之下，判斷自己的企業可以投入多少經營資源。

行銷經常比喻為戰爭，戰爭首先必須決定戰場，掌握天候，推測敵軍兵力，思考自身兵力。相同的道理，行銷也得先決定市場，掌握社會狀況，推測競爭對手的經營資源，思考本身的經營資源。

首先又以判斷對手與自己的經營資源最為重要。

經營資源可以分為**量的經營資源**和**質的經營資源**。

前者指的是銷售點或銷售員的數量、供給力、生產能力、資金等。而後者則指企業或品牌的形象或忠誠度、品質、廣

告、銷售技巧、通路的管理能力、技術水準、高層的領導能力等。

根據「**量的營業資源**」大小和「**質的營業資源**」高低，決定四種競爭地位，分別是**領導者、挑戰者、利基者、跟隨者**。

量大質高的是**領導者**。如果以 AKB48 做比喻，指的就是神 7，同時具備人氣和實力（順帶一提，我另著有《AKB48 爆紅的 5 個祕密——以行銷策略角度分析爆紅現象》（角川書店），AKB48 是書中的研究對象，因此才會在這裡以 AKB48 比喻）。**領導者擁有最大的市占率，以維持市占率為目標**。同時也確保名聲與形象也一樣重要。

接下來是**挑戰者**。以 AKB48 來說，指的是候選成員。雖然有實力，但人氣還不夠。也就是說，**經營資源的量雖然豐富，但質還不夠**。挑戰者和領導者相同，都是瞄準主流市場。

以 AKB48 來說，**利基者**就是將來的王牌。雖然有人氣，但實力還不夠。因此，**利基者獨占自己擅長的特定市場**。相

較於在整體市場占有壓倒性優勢的領導者，只鎖定市場的特定部分。

　　跟隨者，以 AKB48 來說，則指排名比較後面的成員。人氣和實力都不夠，只能利用競爭的力量和技巧尋求生存之道。因此，策略上都以模仿為主。快速吸取領導者或挑戰者、利基者的成功方法，**瞄準他們不覺得有利可圖（低價格市場等）或不覺得有魅力的部分（本土市場等）**。

　　根據這樣的理論，一起來看看麵包市場的競爭關係。

　　領導者是山崎麵包，市占率約 28.0%，麵包的營業額為 3733 億日圓，占整體市場的四分之一以上。山崎麵包是非常強勢的領導者，與山崎麵包抗衡似乎不是上策。

　　挑戰者是敷島麵包，市占率約 9.3%，營業額為 1239 億日圓。1998 年以來，「超熟」系列麵包大幅躍進，在土司部分的市占率為 No.1，然而土司市場本身停滯不前。另外，在甜麵包的部分則表現不佳。

　　利基者之一是富士麵包。市占率約 6.4%，營業額為 850 億日圓。富士麵包的優勢是提供麥當勞的漢堡用。

★ 麵包市場的競爭關係

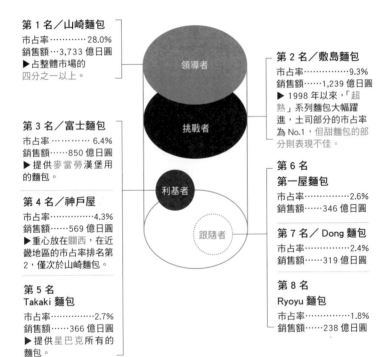

第 1 名／山崎麵包
市占率…………28.0%
銷售額…3,733 億日圓
▶占整體市場的
四分之一以上。

第 2 名／敷島麵包
市占率…………9.3%
銷售額……1,239 億日圓
▶ 1998 年以來，「超
熟」系列麵包大幅躍
進，土司部分的市占率
為 No.1，但甜麵包的部
分則表現不佳。

第 3 名／富士麵包
市占率…………6.4%
銷售額……850 億日圓
▶提供麥當勞漢堡用
的麵包。

第 6 名
第一屋麵包
市占率…………2.6%
銷售額……346 億日圓

第 4 名／神戶屋
市占率…………4.3%
銷售額……569 億日圓
▶重心放在關西，在近
畿地區的市占率排名第
2，僅次於山崎麵包。

第 7 名／ Dong 麵包
市占率…………2.4%
銷售額……319 億日圓

第 5 名
Takaki 麵包
市占率…………2.7%
銷售額……366 億日圓
▶提供星巴克所有的
麵包。

第 8 名
Ryoyu 麵包
市占率…………1.8%
銷售額……238 億日圓

出處：矢野經濟研究所，《2007 年版 麵包市場的展望與策略》

　　另一個利基者是神戶屋。市占率約 4.3%，營業額為 569 億日圓。重心放在關西，在近畿地區的市占率排名第 2，僅次於山崎麵包。神戶屋的優勢在於加強地區的發展。

　　第三個利基者是 Takaki 麵包。市占率約 2.7%，營業額為 366 億日圓。提供星巴克麵包是 Takaki 麵包的優勢。

　　所有跟隨者的市占率都只有一點點。業界排名第 6 的是第一屋麵包的 2.6%（346 億日圓），第 7 的是 Dong 的 2.4%（319 億日圓），第 8 是 Ryoyu 麵包的 1.8%（238 億日圓）。

　　判斷競爭地位的資料出自矢野經濟研究所發行的《2007 年版 麵包市場的展望與戰略》專刊。用競爭地位的理論套用在這項資料上，分析競爭的結構。

掌握顧客狀況以明確企畫法

接下來考慮**顧客的狀況**。主要是掌握現在使用者的狀況並了解不使用的都是什麼人。

根據敷島麵包的調查資料，麵包的消費者主要是在早餐時候吃麵包。早餐尤其會選擇「土司」、「奶油麵包捲」、「可頌」、「法國麵包」等簡單的麵包。

另一方面，選擇「甜麵包」的人會在餐與餐之間或早餐時吃。可以理解餐與餐之間會選擇吃「卡士達麵包」、「紅豆麵包」、「菠蘿麵包」、「甜甜圈」等甜麵包，但也有人把這些麵包當早餐，是很有趣的現象。

從這個資料可以看出**早餐用甜麵包的發展性**。如果能夠開發出前所未有的早餐用甜麵包，說不定會大賣。

相反地，很少人把麵包當晚餐或消夜。另外，不吃麵包的人基本上是早餐沒有吃麵包習慣的人，從中也可以看出早餐吃飯是日本的飲食習慣。

接下來暫時把麵包放一邊，看一下均衡營養補充食品的狀況。

根據市調公司 Info Plant 的調查資料顯示，有將近 7

★ 麵包的消費狀況

	N	早餐	午餐	晚餐	餐間	消夜	(％) 不吃這 種麵包
土司	1,000	79.1	23.6	8.9	8.9	5.4	11.2
奶油麵包捲	1,000	59.1	18.6	6.5	12.8	4.6	28.6
葡萄乾麵包（麵包捲）	1,000	41.1	13.9	3.0	14.4	2.2	46.7
可頌	1,000	53.2	21.7	5.1	17.0	4.3	32.0
法國麵包	1,000	40.9	18.7	13.5	7.6	4.4	43.0
三明治	1,000	42.4	52.9	8.5	16.7	7.7	19.0
咖哩麵包	1,000	22.9	41.1	8.0	25.1	7.1	33.2
包餡鹹麵包	1,000	26.0	45.3	7.3	17.3	6.6	34.0
披薩麵包	1,000	24.3	31.0	5.9	19.7	6.3	42.9
卡士達麵包	1,000	28.0	22.0	2.4	32.7	6.1	40.4
紅豆麵包	1,000	23.2	20.1	2.7	35.7	5.5	42.0
菠蘿麵包	1,000	29.6	26.3	3.7	33.7	4.7	36.8
甜甜圈	1,000	14.0	11.1	1.3	36.1	4.0	50.0

敷島麵包調查（可複選）

成（66.4％）的人會購買均衡營養補充食品。另外，另一家市調公司 Interwired 的調查資料顯示，均衡營養補充食品購買者中，「沒時間的時候吃」、「當早餐吃」的人占有一定比例。

由此可推測，均衡營養補充食品的抬頭，也是造成消費者遠離麵包的原因之一。

使用者的狀況	● 主要吃麵包當早餐。
	● 早餐尤其偏好「土司」、「奶油麵包捲」、「可頌」、「法國麵包」等簡單的麵包。
	● 另一方面，餐與餐之間或早餐會吃「甜麵包」。

非使用者的狀況	● 晚餐或消夜幾乎不吃麵包。
	● 早餐吃米飯。
	● 因為均衡營養補充食品的抬頭而遠離麵包。

綜合以上資料，可以看出幾個麵包的新可能性，包括「**晚餐或消夜也可以吃的麵包**」、「**『早餐要吃米飯』的保守人士也願意嘗試的麵包**」、「**近似均衡營養補充食品的麵包**」。

因此，只要分析使用者與非使用者的資料，就可以清楚找出企畫的方向。

★ 均衡營養補充食品的購買狀況

	母數	購買	沒有購買		母數	購買	(%) 沒購買
整體	5,958	66.4	33.6				
男性／合計	2,026	63.2	36.8	女性／合計	3932	68.1	31.9
男性／19 歲以下	63	71.4	28.6	女性／19 歲以下	149	78.5	21.5
男性／20 世代	475	70.7	29.3	女性／20 世代	1634	74.1	25.9
男性／30 世代	912	62.6	37.4	女性／30 世代	1628	63.8	36.2
男性／40 世代	483	57.3	42.7	女性／40 世代	450	62.2	37.8
男性／50 歲以上	93	55.9	44.1	女性／50 歲以上	71	40.8	59.2

2007 年 Info Plant 調查

✳ 什麼情況下會吃／攝取均衡營養補充食品？

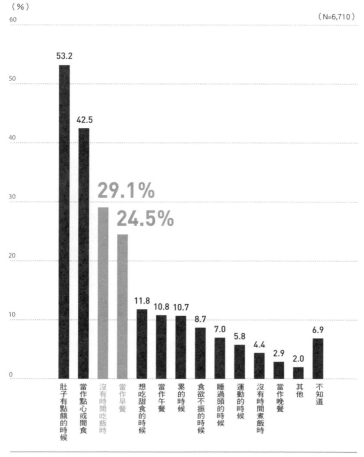

（%）

60 （N=6,710）

53.2

42.5

29.1%

24.5%

11.8　10.8　10.7

8.7

7.0

5.8

4.4

2.9

2.0

6.9

50

40

30

20

10

0

肚子有點餓的時候　當作點心或間食　沒有時間吃飯時　當作早餐　想吃甜食的時候　當作午餐　累的時候　食欲不振的時候　睡過頭的時候　運動的時候　沒有時間煮飯時　當作晚餐　其他　不知道

2007 年 Interwired 調查（可複選）

掌握目標族群的選擇基準

最後是**選擇的基準**。

掌握消費者是以什麼樣的基準選擇是很重要的事。如果基準模糊不清，只要能建立基準，便可以稱霸市場。

例如，朝日 Super Dry 啤酒在以「美味」為選擇基準的啤酒市場上，建立了「鮮度」這個新基準，稱霸啤酒市場。另外，Healthya 綠茶在以「美味」為選擇基準的茶市場上，建立了「健康」的新基準，雖然是後來才進入市場的商品，卻獲得龐大的市占率。

掌握了選擇基準，還得思考「使用的理由」、「用途」、「形象」。這是因為現代的消費者選擇事物時，並不是只基於一個理由做出選擇。消費者除了考慮使用事物的明確理由，也可能有自己的特殊用途。另外，形象也很重要，消費者對於形象也有自己的基準。

以電腦為例。

最近大家多使用智慧型手機，而沒有使用電腦，因此有很多人解除網路契約。而依舊使用電腦的人則是因為電腦擁有工作使用方便、檢索快速等優點。

此外，選擇電腦的時候，企業形象十分重要。現代人選擇的標準已經不是規格，而是設計感、是否容易購買、與網路契約的關聯（有些電腦只要綁網路約，電腦本身幾乎免費），以及目前使用中的電腦如何處置等。

現在的消費者考慮許多狀況後才會做出選擇，為了抓住消費者的心，必須從各方面做出判斷，否則無法提高企畫的精準度。

回到麵包的例子，一起思考選擇的基準。之前確定了「早餐用的甜麵包」很有發展性，為了開發這樣的麵包，進行資料分析。這些資料在網路上很容易就可以找到。

首先是「使用的理由」。

根據右頁的資料，早上選擇吃麵包的理由中，占比最高的是「讓身體醒過來」，占75%，接著是「一日三餐維持身體健康」，占72.9%。

接下來是「用途」。吃土司等簡單麵包當早餐的需求逐漸增加。最近的數字顯示，土司以79.1%最高，最低的是法國麵包，但也有40.9%。

★ 消費的理由 ➡「讓身體醒過來」、「維持健康」等

積極食用麵包的理由（以平常早餐會吃麵包的人為調查對象）（%、N=323）

攝取能量來源	59.7
攝取對身體好的食物	69.0
一日三餐維持身體健康	72.9
簡單、方便食用	66.7
考慮營養均衡	59.5
讓身體醒過來	75.0
調整肚子、腸胃的狀況	66.7
解決蔬菜攝取量不足的問題	50.0

Kikasete NET 調查

★ 用途 ➡ 簡單的早餐，麵包需求量高，但消費量減少

（%、N=323）

消費者吃麵包的狀況	N	2004 年／早餐	2006 年／早餐
土司	1,000	86.0	79.1
奶油麵包捲	1,000	68.9	59.1
葡萄乾麵包（麵包捲）	1,000	50.4	41.1
可頌	1,000	64.9	53.2
法國麵包	1,000	52.2	40.9

(%) 敷島麵包調查（可複選）

然而，問題點在於消費量降低。兩年間，土司的消費量從 86% 降低到 79.1%，法國麵包也從原本的 52.2% 降到 40.9%。

從中可以看出，「早餐吃麵包」這個過去的常識逐漸發生變化。

最後是「形象」。

從下一頁的資料可以看出，關於早餐形象的提問有六個選項，分別是「為了健康應該每天吃早餐」、「雖然為了健康應該吃早餐，但寧願多睡一點」、「為了健康應該吃早餐，但沒有食欲」、「不吃早餐，早上工作效率不佳」、「早上很容易餓」、「早上吃早餐不見得就一定對身體有益」。「為了健康應該每天吃早餐」同時獲得 20 歲和 30 世代男女最多的支持。

也就是說，**早餐與健康的關聯高，因此企畫也可以將早餐和健康結合。**

接著是早餐的「選擇基準」。

根據資料顯示，年輕族群與年長族群的基準不同。「總要吃點東西下肚」、「不需要花時間準備的東西」受到年輕族群支持，而年長族群重視的則是「營養均衡」。

★ 形象　　　　　　　　　⇒ 大部分人都認為「應該要吃早餐」

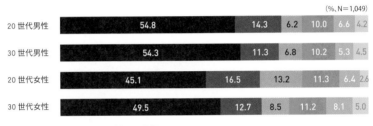

(%、N＝1,049)

20 世代男性	54.8	14.3	6.2	10.0	6.6	4.2
30 世代男性	54.3	11.3	6.8	10.2	5.3	4.5
20 世代女性	45.1	16.5	13.2	11.3	6.4	2.6
30 世代女性	49.5	12.7	8.5	11.2	8.1	5.0

- ■ 為了健康應該每天吃早餐
- ■ 雖然為了健康應該吃早餐，但寧願多睡一點
- ■ 雖然為了健康應該吃早餐，但沒有食欲
- ■ 不吃早餐，早上的工作效率不佳
- ■ 早上很容易餓
- ■ 早上吃早餐不見得就一定對身體有益

At Home 以 20-30 世代單身
者為對象所做的早餐調查

★ 早餐的選擇基準　　　⇒「生活習慣」、「短時間」、「營養均衡」

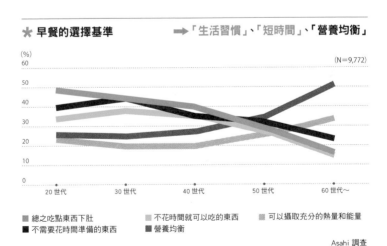

(%)

(N＝9,772)

- ■ 總之吃點東西下肚
- ■ 不花時間就可以吃的東西
- ■ 可以攝取充分的熱量和能量
- ■ 不需要花時間準備的東西
- ■ 營養均衡

Asahi 調查

　　如果要開發新商品，焦點放在對新事物的接受度高、接受之後會長期使用的年輕族群效果比較好。因此，關於麵包的「選擇基準」，可以判斷出採用「生活習慣」、「準備時間短、立刻可以吃」的意見，可以獲得年輕族群的支持，效果較佳。

　　總結上述所有的分析結果，麵包市場逐漸萎縮，必須盡早找出新的「支柱」。思考這個問題的時候發現，早餐用的甜麵包有發展的空間，還要找出也是早餐選項的「均衡營養補充食品」所沒有的新價值。開發的商品除了要符合現代消費者的選擇基準「方便」、「健康」外，還要有其他附加價值。企畫與「PB 低價品」或「固有商品」完全不同的新產品，必須跳脫現有市場，將新市場列入考慮。

只要收集4項資訊

你是否也曾經收集一大堆資料，但反而讓自己更加混亂呢？尤其最近網路資訊發達，許多人上網收集各式各樣的資料。這樣反而會被過多資訊綑綁，想不出好的創意或企畫。

每件事都有最適當的資訊幫助我們做出決定。資訊不是越多越好，只要有適量的適當資訊就足夠了。企畫書也適用這個原則。

在這裡我建議收集「市場」、「競爭對手」、「顧客」、「選擇基準」4項相關資訊。只要掌握這4項資訊，我認為企畫書基本上就成立了。換句話說，我只收集這4項資訊，這樣就足夠了。

無論是商品還是事業，都必須掌握準備進入的市場狀況如何？市場大小如何？是否具有成長性？接著還得掌握市面上已經存在的競爭商品是什麼樣的商品？什麼樣的企業？強項和弱點分別是什麼？現在的顧客是些什麼人？幾歲？性別為何？這些人以什麼基準選擇商品或企業？是品牌？還是價格？抑或是設計？

只要能掌握上述各項資訊，就可以寫出好的企畫書。

04

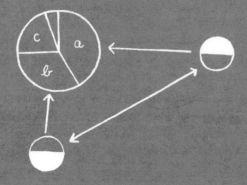

想想何謂「目標族群」

「目標族群」（target）這個字我們經常聽到，也經常使用。然而，**「顧客和目標族群有什麼不一樣？」、「如何決定目標族群？」、「如何讓大範圍的族群成為目標族群？」**等，被問到這些單純的問題時，反而會答不出來。

這章將針對這個部分說明，確實了解行銷和企畫書真諦的鎖定目標族群。

首先從基本開始說明。

翻開詞典，「目標族群」是指「從標的、目標、商品的性格決定購買對象或廣告宣傳對象」。而將 target 翻譯成日文，則是標的顧客。也就是說，**顧客當中最有希望購買的一群人，這些被當作銷售目標的族群就是目標族群。**

現在這個物資豐富的社會，已經很少有什麼商品是人人都想得到的。因此，鎖定想要的人，也就是目標族群，集中對這些人展開行銷活動就變得十分重要。

根據專業書籍定義，鎖定目標族群，意指「就算是用途相同的產品，配合每個顧客的需求，將產品市場加以細分，針對每個不同區塊開發不同的行銷組合」。

　　而用途相同需求不同指的是，例如電風扇的用途都是送風，但朝自己吹圖涼爽和讓屋內空氣循環的人所追求的產品就不同。後者的使用方法是調高冷氣的溫度，再利用空氣循環讓室內變得涼爽，從這裡產生了新的需求。

　　將產品市場加以細分，針對每個不同區塊開發不同的行銷組合，則是將電風扇細分為高級電扇、機能型電扇（例如Dyson 推出的無葉片風扇）、低價電扇，針對各個區塊展開最適合的行銷活動。

　　如果是高級電扇，可能非常重視設計，讓電扇成為室內擺飾品。如此便可以用設計作為訴求，擄獲目標族群的心。另一方面，如果是低價電扇，訴求的是「以便宜價格獲得涼爽空氣」，那麼在賣場以 POP 或標示價格等一目瞭然的宣傳方式就非常有效果。兩者雖然都是電扇，展開的行銷活動卻完全不同。

　　這個定義簡單來說就是，「**仔細思考瞄準的顧客是誰，又是什麼樣的人，針對這群人展開密集的行銷活動**」。

　　而對實際擔任商品行銷工作的人，決定誰是商品的目標族

群非常重要，但也非常困難。

如果能夠正確掌握真正想要商品的族群，那麼行銷成功的可能性就會大幅提升。這是因為，這群人會比其他人更快掌握商品資訊，願意購買商品，而且只要喜歡，還會樂意向他人推薦。

尤其現在網路交流已經成為主流，只要消費者認定這是值得推薦的商品，訊息透過網路一下子就會廣為流傳，大大提升熱賣的可能。

正因為如此，鎖定目標族群就非常重要。

行銷的3種類型

下面一起來看一下行銷有哪些類型。

最理想的行銷是**大眾行銷（mass marketing）**，也就是**將所有人當作目標族群**。這樣商品就可以接觸到所有消費者，是最有效率的方式。然而，這已經是很久以前的事，日本高度經濟成長時代是大眾行銷的時代。

現在到處充斥著各項商品，消費者比過去成熟，技術革新的幅度也比以前縮小，這樣的行銷方式已經不適用。為此，現在的行銷方式轉變為，根據不同的需求、特徵、行為等，將消費者分成幾個小組，選出最有魅力的小組，以這個小組為準則展開行銷活動。前者稱作「**市場區隔**」（segmentation），後者則是「**鎖定目標族群**」（targeting）。

市場區隔是根據消費者不同的需求與財力、地域與購賣態度、購賣行為而劃分市場的方法。因此，根據做法不同，會改變鎖定目標族群的方向。這個方向大致分成 3 類。

第一類是**區隔行銷（segment marketing）。這是將某個市場加以劃分之後，從中選出最有魅力的族群，掌握這群人的需求，針對他們展開行銷活動。**

看看 AKB48 的目標族群吧。如果以性別劃分，AKB48 是女性團體，因此支持她們的人應該多為男性。如果以年齡劃分，與她們同年齡的 20 世代應該是最有可能的族群。

將這兩者相乘，以 20 世代的男性作為目標族群，配合他們的需求展開行銷活動，這就是區隔行銷。

這個方法可以鎖定對企業最適當且收益最高的族群。同時，針對目標族群的需求，可以有效地展開最適合的行銷活動。

第二類是**利基行銷（niche marketing）**。利基的劃分比區隔更細，**將經過市場區隔的市場再加以細分，透過自己的優勢，鎖定特定族群。**

例如 AKB48 的目標族群設定為 20 歲左右男性，讓我們想想誰是她們的次目標族群。

AKB48 相關團體 NMB48 和 HKT48 等主要在大阪、名古屋、博多等地展開地區性活動，而 AKB48 則主要針對住在東京附近的人。因此，AKB48 的次目標族群就是住在東京附近的 20 世代男性。

　　另外，利用其他偶像團體沒有、只有 AKB48 才有的幾個
優勢，就可以進行利基行銷。

　　AKB48 的特色是劇場公演和握手會，可以直接與偶像面對
面。以前只能在電視上看到心儀的偶像團體，但 AKB48 就
算現在爆紅，依舊可以與她們面對面接觸。這對粉絲是很大
的優勢。

　　另外，除了實際的粉絲俱樂部，還可以加入網路、手機
或影片網站的各種粉絲俱樂部來為 AKB48 打氣。現在，
AKB48 的粉絲俱樂部多達五個，包括「二本柱的會」、

★ 3 種行銷方式

| 區隔行銷 | 利基行銷 | 小眾行銷 |

AKB48 手機會員、AKB48 官方智慧型手機 App 會員、影片網站 DMM.com 內的 AKB48 LIVE!! ON DEMAND 會員、AKB OFFICIAL NET 會員。有了這五個粉絲俱樂部，比起其他偶像團體，粉絲的力量自然更為強大。

只要結合這兩大優勢就可以將目標族群鎖定為 20 歲男性、希望可以和 AKB48 面對面接觸、希望可以加入各種粉絲俱樂部的人。

這樣的族群規模較小，競爭較少，因此適用特殊價格，中小企業也比較有競爭的機會。在現在這個不景氣的年代，利基行銷是非常具有效果的方法。

第三類是**小眾行銷（micromarketing）**。這是**配合特定個人或地區的喜好而進行的行銷方式。**

前者具體而言是配合各個顧客的需求與喜好。電腦大廠 DELL 最有名的就是可以針對顧客需要的規格、軟體、音響設備等，做出客製化的電腦。

後者則是配合某市、某鄰近地區、某特定商店等地區顧客族群的需求而做的行銷方式。東京巢鴨有「爺爺奶奶的原

宿」之稱，當地商店充斥著老人家會喜歡的衣服、飾品及食品等。因此，就算現在不景氣，巢鴨還是擠滿了年長者。

紅色內褲、扇子、麻花、和果子最中餅等，也許都是和年輕人無緣的商品，但巢鴨到處都可以買到，因此吸引了許多爺爺奶奶聚集。這些產品在其他地方恐怕賣得不好，但正因為滿足了地區顧客的需求，因此在巢鴨才會熱賣。

總之，**最重要的是用什麼標準來劃分市場**。如果用到處可見的標準劃分市場，那麼將無法準確抓住消費者的需求，很容易就被強大的競爭對手擊敗。

靈活運用科特勒理論

鎖定目標族群的重點，在於用誰都沒有想到的標準劃分市場。

在設想劃分標準時，建議可以使用「現代行銷學之父」菲利普・科特勒（Philip Kotler）提出的理論。科特勒將所謂的「標準」稱作「區隔變數」，詳細定義了各個變數的內容。具體而言，區隔變數可分為**地理變數、人口統計變數、心理變數、行為變數** 4 項。

右圖整理了科特勒理論，首先說明它的使用方式。

地理變數指的是國內地區、市或都市規模、人口密度、氣候等資料，以此為標準劃分市場。在人口密度不同的東京和其他地方，商品的銷量不同。另外，在氣候不同的北海道和沖繩，消費者追求的商品也不同。就像這樣，以**地理的差異**作為劃分市場的標準，就是地理變數。

人口統計變數則是年齡、性別、家庭規模、家庭構成、所得、職業、學歷、世代等**人口動態的統計數字**。這些數字與消費者的需求與商品或服務的使用率等有著密切關係，用這些數字來鎖定目標族群非常有效果。

　　例如，外食、服飾、通信等，根據年齡層的不同，消費者的需求完全不同，因此必須掌握顧客年齡和生活型態。另外，汽車、不動產、時尚流行以及娛樂等高價品，必須配合顧客的所得水準分析市場，開發商品，鎖定特定的顧客群。

　　另外，人口動態的官方統計數據也很容易取得。例如，日本主要人口動態統計數據，都可以在總務省統計局的網站上免費取得。

★ 科特勒的「區隔變數」

地理	地區、都市規模、人口密度、氣候等
人口動態	年齡、性別、家庭狀況、所得、職業、學歷、世代等
心理因素	社會階層、生活型態、性格等
行為	購買狀況、追求的優勢、使用者的類型、使用率、忠誠度、購買基準階段、對於產品的態度等

心理變數指的是社會階層、生活型態、個性等受到生長環境或生活經歷影響而產生的**愛好或嗜好、關心或興趣等心理因素**。經常用來當作分析消費者的切口，可以掌握人口動態無法掌握的消費行為的心理背景。

最後的行為變數則是購買狀況、追求的優勢（品質、服務、經濟、便利、速度）、使用者的類型（非使用者、使用中止者、潛在使用者、首度使用者、經常使用者）、使用率、忠誠度、購買基準階段（未認知、認知、理解、關心、欲求、購買意願）、對產品的態度（狂熱、肯定、不關心、否定、敵對）等，**根據消費者對商品的知識和態度將顧客分類的標準。**

最近由於 POS 資料（銷售時點情報系統）等 IT 科技的發達，很容易就可以準確掌握顧客的購買履歷等資訊，利用這些資訊來鎖定特定族群的企業也日益增加。

用實際的例子說明讓大家更進一步了解市場區隔和鎖定目標族群，以下根據科特勒的理論，介紹付諸實行的案例。

透過案例理解科特勒理論

有一次，我接到銷售量不甚理想的健康食品委託，希望我幫助他們提升銷售量。

我首先向相關人員請教這個商品的誕生背景，接著調查現有顧客的狀況，並請消費者實際使用這項產品，聽取他們的感想好修改企畫。從中我發現了「希望可以把這項產品當調味料每天使用，進而改善自己的生活習慣毛病」這個消費者需求。例如，在每天的味噌湯裡加一點，以降低中性脂肪，改善便祕問題。

下一步便是鎖定哪個族群特別有這樣的需求＝鎖定目標族群。

首先我思考的是，**有沒有類似商品可以完全滿足「希望可以把這項產品當調味料每天使用，進而改善自己的生活習慣毛病」這個消費者需求**？接著思考滿足消費者需求的類似商品中，哪一項是主流，分析並類推調查資料。

關於這個案例中的類似商品，我首先想到的是營養補充錠。

營養補充錠基本上是為了補充食物中不易取得的營養成分

而每天飲用，希望藉此改善健康或體質。如此，「經常使用」和「追求健康」這兩點與這次健康食品的消費者需求相同，對於消費者而言是擁有類似形象的商品。

接著我收集了所有營養補充錠的相關資料。最初吸引我目光的是有關藉由營養補充錠「特別希望改善或維持的事」的調查資料。

從調查資料可以看出，比起希望藉由營養補充錠維持健康，有更多人希望可以藉此維持年輕或肌膚的光澤和彈性、減肥等具體期望。比起健康這個概念，消費者更希望用眼睛就可以看出具體效果。從這裡便可以看出，商品必須展現出用眼睛就可以看出的具體效果。

另外，從圖表中可以看出，女性比男性更具有這樣的傾向。

在看到這項調查資料之前，因為主題是在改善生活習慣毛病，我原本鎖定的族群沒有性別之分，但從這項資料中發現，鎖定女性效果更佳。

接下來看到的是「營養補充錠攝取頻率」的資料。

★ **特別希望改善或維持的**　　　■ 全體　■ 男性　■ 女性

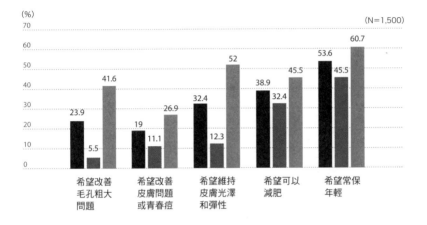

關於營養補充錠的調查　Info Plant 調查

★ **營養補充錠的攝取頻率**　　　■ 1 週 5-6 次　■ 1 日 1 次　■ 1 日 2 次　■ 1 日 3 次以上

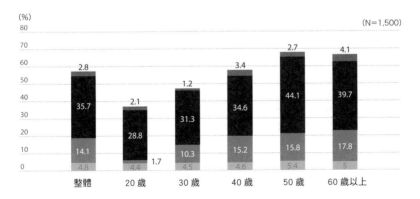

關於營養補充錠的調查　Info Plant 調查

從資料中可以發現，營養補充錠的攝取比例和常用比例都是以 40 歲以上的人為高，尤其又以 50 歲人最高。

從上一項資料可以發現消費者期望看到的具體效果，而從這項資料則可看出健康容易出狀況的年齡層攝取比例和常用比例高。綜合兩者可以發現，眼睛看得到的具體效果雖然也很重要，但改善或解決健康問題也同樣重要。

從上述資料發現，鎖定 40 歲以上女性最有效果。而她們在希望看到具體效果的同時，也具有強烈的健康意識。

從4個要因思考目標族群

以上述理論為基礎，從「地理要素」、「人口動態要素」、「心理要素」、「行為要素」思考目標族群。

首先是地理要素，從「當作調味料每天使用，進而改善自己的生活習慣毛病」這項消費者需求開始思考。

由於「用調味料改善生活習慣毛病」是項很新的需求，恐怕無法一下子就被全國消費者所接受。因此，我認為最初應以大都市為中心推廣，獲得口碑之後再推向全國。

例如花王 Healthya 綠茶剛推出時也是如此。一開始只在大都市的便利商店上架，等到獲得中年上班族的肯定再推向日本全國各地。這裡的地理要素設定為日本首都圈。

至於人口動態要素的設定，則是 40 到 50 歲的女性。營養補充錠的主要客層為 40 到 60 歲的人，雖然我也曾想過鎖定同樣的客層，但如果將客層設定成 40、50、60 歲三個客層，會產生幾個問題。第一，客層範圍太廣。**如果不將目標族群的範圍適當地縮小，將看不出效果。**

第二，60 歲人的購物態度十分謹慎，購物時傾向聽取比自己年輕族群的評價再買。考量到就算鎖定這個年齡層的消費

者，他們也可能不會立即行動，因此決定把這個年齡層的人從目標族群中移除。

第三是最重要的因素，**消費這個行為容易受到年輕族群的評價與行動的影響**。這項產品如前所述，最有力的族群是 50 歲的人，如果想要打動這些人，行銷手法必須比照 40 世代的準則，贏得這些人的評價最為重要。以 40 歲人的準則打動 50 歲人，如此離 60 世代便越來越遠。

綜合以上因素，這項商品刻意將 60 世代排除在目標族群之外，集中鎖定 40 歲和 50 歲人。

考慮到心理因素（以消費者心理狀況為依據的因素）時，特別注意到消費者使用營養食品補充錠，除了希望看到具體效果，也有強烈的健康意識。

思考 40 歲和 50 歲女性的生活型態，何時腦中會浮現健身房。喜歡上健身房的人會積極藉由游泳、有氧舞蹈等運動來維持體型。另外，能夠每天早上上健身房運動的，是比較有時間的 40 歲和 50 歲女性。

因此，這裡將心理要素設定為「上健身房」。

　　至於行動要素，同樣從前述的「當調味料每天使用，進而改善自己的生活習慣毛病」需求中，將行動要素設定為「經常服用營養補充錠」的人。

　　綜合以上各點，將這項商品以「地區」、「性別」、「年齡」、「生活型態」、「使用者類型」為區隔變數，分別設定為「首都圈」、「女性」、「40歲和50歲」、「上健身房」、「經常

★「區隔變數」套用在調味料的案例

地理	地區、都市規模、人口密度、氣候等	➡	首都圈
人口動態	年齡、性別、家庭狀況、所得、職業、學歷、世代等	➡	女性，40歲和50歲
心理因素	社會階層、生活型態、性格等	➡	上健身房
行為	購買狀況、追求的優勢、使用者的類型、使用率、忠誠度、購買基準階段、對於產品的態度等	➡	經常服用營養補充錠

服用健康補充錠」，將各個因素相乘，鎖定目標族群。

另外，為了讓目標族群的形象更為鮮明，從「首都圈」、「女性」、「40歲和50歲」、「上健身房」、「經常服用健康補充錠」這5項進行目標族群描繪。

目標族群描繪（target profile）不是只彙整分析結果，而是將分析所得知的結果加上「可以想像出的結果」，描繪出這是什麼樣的人物。

如此一來，目標族群的形象更為具體鮮明，可以在大家心中建立相同的形象。

具體的做法是思考目標族群可能有的名字、出生年月日、家庭成員、生活狀況、興趣、面臨的問題等。

這裡將出生年月日設定為1968年出生的46歲女性，名字則設定成這個年代會有的名字「太田惠美子」。家庭成員有「大兩歲的丈夫、國中三年級（15歲）的兒子和小學六年級（12歲）的女兒」。腳色設定為家庭主婦，已經過了需要花大把力氣照顧小孩的年紀，每天早上去健身房，時間上比較寬裕，以這樣的形象來思考家庭成員。

　　另外，設定「丈夫是編輯，工作十分忙碌。另一方面，孩子也已經長大，因此每天早上有時間上健身房」是為了表現出丈夫在健康方面也有隱憂。

　　「也許是年紀的關係，皮膚暗沉，肚子上有一圈脂肪」、「尤其中性脂肪超過 200，醫生囑咐要特別注意」的設定，是為了表現出 46 歲這個年紀因為生活習慣而被醫生叮囑，希望改善現況的積極態度。從「丈夫的中性脂肪也偏高，因此

✱ 目標族群描繪

太田惠美子（1968 年出生，46 歲）
▶與大 2 歲的丈夫、國中 3 年級（15 歲）的兒子，以及小學 6 年級（12 歲）的女兒同住，家庭主婦。
▶丈夫是編輯，工作忙碌。另一方面，孩子也已經長大，因此每天早上有時間上健身房。
▶也許是年紀的關係，皮膚暗沉，肚子上有一圈脂肪。
▶尤其中性脂肪超過 200，被醫生囑咐要特別注意。
▶丈夫的中性脂肪也偏高，因此特別注意家人的飲食。
▶每天都有服用營養補充錠的習慣。目的是減少身體脂肪。
▶也在喝有減少身體脂肪效果的茶等，願意嘗試各種東西。
▶只要有益健康，就算有些花費也在所不辭。

特別注意家人的飲食」的設定，可以推測夫婦兩人努力希望
改善生活習慣毛病的心情。

　「每天都有服用營養補充錠的習慣。目的是減少身體脂
肪」、「也喝有減少身體脂肪效果的茶等，願意嘗試各種不同
的東西」、「只要有益健康，就算有些許花費也在所不辭」則
是為了表現對於這項商品的需求高。

從目標族群計算營業額

就像這樣，明確描繪出目標族群的形象之後，接下來是**計算這樣的目標族群大約有多少人（target volume）**。只要明確計算出目標族群的數量，就可以判斷商品的勝算有多少，再乘上商品價格，就能夠計算出初期的營業額。

為了算出目標族群的數量，首先要決定目標族群的母數，再將母數乘上鎖定目標族群時所使用的變數。

這些變數分別為：

① 加入東京大型健身房的人

② 當中 40 歲和 50 歲的女性

③ 服用營養補充錠的人

④ 當中屬於經常服用的人

依序與母數相乘。

另外，母數設定為三大健身房的全國會員。目標族群設定為「上健身房的人」，如果將大大小小的健身房全部加起來的話應該更多人，但在考慮到行銷活動的時候，會員數多、容易交涉這兩點將是重要的關鍵。

　　根據專家的說法，設定現實目標族群時，①對新商品有良好反應的人；②使用率和使用頻率高的人；③很容易就可以鎖定，且行銷活動的費用具有經濟效益的人；④人數足以創造相當的營業額，可以獲得相對應的報酬等是重要的條件。

　　這次的商品在考慮到③和④時，以大型健身房＝KONAMI、Tipness、Renaissance的使用者為母數。這三大健身房的全國使用人數總計 145 萬人。

　　145 萬人的母數首先與首都圈的比例相乘。

★ **計算目標族群的數量**

　　KONAMI 在日本 208 家店中有 31 家位於首都圈。首都圈的比例約為 15%。同樣地，Tipness 在日本 50 家店中有 23 家位於首都圈，比例為 46%。而 Renaissance 則是全國 87 家店中有 16 家位於首都圈，比例為 18%。

　　這些（15%、46%、18%）平均為 26%。將 145 萬人乘上 26%，即可推測首都圈的健身房使用者約 37.7 萬人。

　　接下來再將這個數字與從目標族群的性別、年齡所計算出的比例相乘。這次的目標族群為 40 歲和 50 歲女性，首先要

★ **經常服用營養補充錠（常客）與營業額的推算**

參考：各運動俱樂部網站／總務省統計局　人口推計月版（2007 年 7 月 1 日迄今）

調查這樣的人到底有多少。根據日本總務省的資料，40 歲女性約 788 萬人，50 歲女性則約 943 萬人。

合計＝ 1731 萬人。除以日本總人口 1 億 2700 萬人，約占比 13.6%。也就是說，日本 40 歲和 50 歲女性人口約占日本總人口的 13.6%。

13.6% 與剛才的 37.3 萬人相乘，約 5 萬 1272 人。這是參加東京都內大型健身房、40 歲與 50 歲女性的推測人數。全日本與東京都的比例略有出入，但這裡的目的不是在算出精準的數字，像這樣大約推算即可。

接下來計算這些人當中有多少人對營養補充錠高度關心＝對這次商品的需求高。

根據 Info Plant 的調查顯示，有意願服用營養補充錠的人約占 51%，與剛才的數字相乘可以得到 2 萬 6148 人。

進一步思考其中有多少人屬於經常服用營養補充錠的人（常客）。

40 歲者的營養補充錠常用率為 54.4%，50 歲人的營養補充錠常用率為 65.3%，平均約 60%。再與剛才的數字相乘，得

到 1 萬 5688 人。這就是預估的初期顧客數。

與常用率相乘前的數字＝ 2 萬 6148 人，也可以稱作初期顧客，但推測經常服用營養補充錠更有可能使用這項商品，因此從乘上常用率的數字更可以精準推算出營業額。因為這些人很有可能不只購買一次，而是一整年持續購買。

具體而言，如果以一個月一個、一年＝ 12 個月計算，1 萬 5688 人 ×12 個月，預估可賣出 18 萬 8256 個。一個的金額若為 980 日圓，那麼便可訂出 1 億 8449 萬日圓的營業目標。

根據理論預測購買行為

最後是預測目標族群會有什麼樣的購買行為。

預測時應用的是紐約大學經濟學家**阿塞爾（Henry Assael）的「4 種消費行為」**和科特勒的「**消費決策階段**」的理論。

阿塞爾提出，消費行為根據消費者對於商品涉入程度的高低、品牌間差異程度的大小，可分為 4 種不同類型。

首先是消費者涉入程度高且品牌間差異程度大的情況。

例如智慧型手機就屬於這種類型。除了簡訊和通話外，智慧型手機還可以行動購物或付款等，屬於消費者涉入程度非常高的商品。另一方面，電信業者選擇眾多，手機更是百百款，因此品牌間的差異程度非常大。

也就是說，這種商品屬於**高價、很少消費、消費風險**大的商品。同時也是**與自我表現息息相關**的商品。這時對於商品會有自己的信念與態度，經過審慎考慮後才會做出選擇。

例如，消費者首先因為欣賞崇拜賈伯斯的創意與態度才決定購買 iPhone。又或者因為肯定 google 這個企業的可能性或發展性，才選擇 Android 系統的手機。接下來會仔細評估手機的規格、設計以及價格等才會決定購買，購買前的行為

十分複雜。

其他像汽車、電腦、單眼數位相機等,都屬於這種購買行為的商品。

接下來是消費者涉入程度高,但品牌間差異程度小的情況。

洗衣機就屬於這種類型。如果洗衣機突然壞了,非常令人頭疼。洗衣機並非需要經常更換的商品,手上既沒有關於商品的資訊,價格也不算便宜。因此,首先會透過網路等收集商品的銷售排行、標準配備、價格行情等資訊,之後再到量販店購買。

在量販店看到實際產品後,幾乎不會猶豫,很快就可以下決定。這是這類型消費行為的最大特徵。

也就是說,這種產品屬於**高價、很少消費、消費風險大的商品,購買前會比較各家產品,但也能很快做出決定**。購買後很容易產生「這個選擇正確嗎?」的不安情緒,因此對於支持自己決定的資訊會變得特別敏感。這種購買行為的專業用語稱作「**降低失調的購買行為**」。

★ 阿塞爾的「4 種消費行為」

▼ 消費者涉入程度高　　　　▼ 消費者涉入程度低

▶ 品牌間的差異大

複雜的購買行為

- 高價、很少消費、消費風險大的商品
- 與自我表現息息相關
- 對於商品有自己的信念與態度，經過審慎考慮後才會做出選擇

➡ 智慧型手機、汽車、電腦等

尋求多樣化的購買行為

- 並非有什麼不滿足的地方，但想要多方嘗試時會購買的商品
- 對於商品雖然有某種信念，但不會特別深思就做出決定
- 使用後才給予評價

➡ 在 Don Quijote 賣場的購物

▶ 品牌間的差異小

降低失調的購買行為

- 高價、很少消費、消費風險大的商品
- 購買前會比較各家產品，但相對比較快能做出決定
- 購買後很容易產生不安的情緒（不協調），因此對於支持自己決定的資訊會變得特別敏感

➡ 家具、生活家電等

習慣性的購買行為

- 低價位、購買頻率高的商品
- 沒有經過信念、態度、行為的階段，僅因習慣使用這個品牌而購買

➡ 鹽、衛生紙

　　其他像家具、冰箱、冷氣等，都屬於這種購買行為的商品。

　　再來是消費者涉入程度低但品牌間差異大的情況。各位只要想想在 Don Quijote 的購物模式就可容易理解。雖然沒有特別想買的東西，但只要進到 Don Quijote 賣場，總想在眾多商品中挑選一些購買。

　　像是有一筆意想不到的臨時收入，卻沒有特別想買的東西，但又想用這筆難得的收入買點什麼，於是前往商品種類繁多的 Don Quijote。Don Quijote 的商品從食品到雜貨、家電、家具、名牌等，應有盡有，令人眼花撩亂。結果最後買下一個不常見的健康用品回家。

　　也就是說，這種產品屬於**並非有什麼不滿足的地方，但想要多方嘗試時會購買的商品**。對於商品雖然有某種信念，但不會特別深思就做出決定，使用後才給予評價。這種購買行為的專業用語稱作「**尋求多樣化的購買行為**」。

　　最後是消費者涉入程度低且品牌間差異小的情況。

　　例如味精就屬於這種類型。在醬油或味噌湯中撒一點味精就會變得很美味，因為有這樣的習慣，所以使用時也不會特別思考。廚房一定放著一瓶，用完又會再買。也就是說，這種產品屬於**低價位、購買頻率高的商品**，沒有經過信念、態度、行為的階段，僅因**習慣使用這個品牌的理由而購買**。

　　其他像鹽、面紙、衛生紙都屬於這種購買行為的商品。

　　這次的健康食品到底屬於哪種購買行為呢？藉由思考這一問題，可以理解消費者是如何看待這項商品。只要掌握這一點，就能知道在怎麼樣的購物環境之下，可以迅速讓消費者購買這項商品，又該用什麼樣的行銷活動來促銷商品。

　　這次的商品定價為 980 日圓，稱不上是高價品。然而，這項產品與自己的健康息息相關，可說是屬於消費者涉入程度高的商品。另一方面，品牌間幾乎沒有什麼差異，因此可以推測消費者行為屬於「降低失調的購物行為」。

　　如果是這樣，就可以知道，如何排解消費者購買後心理上的不協調感，將會是一大重點。

科特勒的「消費決策階段」

　　接下來根據科特勒的「消費決策階段」思索消費者的消費行為。

　　科特勒的「消費決策階段」分為「認知需求」、「收集資訊」、「評估可行方案」、「購買決策」、「購買後的行為」。

　　另外，在「收集資訊」、「評估可行方案」之間，還會有「購買可能商品」、「知名商品」、「考慮購買商品」、「選擇購買商品」的過程，之後再決定要購買的東西。而「他人的態度」與「不可預期的狀況」兩個因素會影響購買決策。

　　為了讓讀者更容易理解，這裡舉購買電腦時的消費者行為加以說明。市面上的電腦眾多，購買前會先上網收集資訊，發現有 Panasonic、蘋果、東芝、DELL、IBM、NEC、HP 等品牌。這些產品只要花錢都可以買到，因此這些商品稱作「**購買可能商品**」。

　　在這些產品中，自己認識的商品稱作「**知名商品**」。

　　知名商品中因為擁有高評價等理由而列入購買考慮的，稱作「**考慮購買商品**」。例如，決定從推出高評價 Let's Note 的 Panasonic、推出革命性筆記型電腦的蘋果、商品規格評價高

的東芝、至今一直使用的 DELL 中做出選擇。

再進一步篩選出的商品稱作「**選擇購買商品**」。

思考要買哪台電腦的時候，例如從時尚設計感來看，想選擇蘋果電腦，但受到「大家都在用 Let's Note」的影響而猶豫，而且擔心 Windows 軟體在蘋果電腦是否相容。這兩者分別是影響購買決策的「他人的態度」與「不可預期的狀況」。

購入後，實際感受到 Let's Note 的好用，這是「購買後的滿足程度」，進而向周圍的人推薦，稱作「**購買後的行為**」。另外，將以前使用的電腦送給妻子，則稱作「購買後的使用與廢棄」。

就像這樣，只要用購買電腦的消費者行為，就可以很清楚理解什麼是科特勒的「消費決策階段」。

透過案例理解消費決策階段

接下來用這次的商品來思考消費決策階段。透過思考消費決策階段，就可以掌握如何將這項商品導向最佳的購買行為。

首先是**認知需求**。

由於商品的目標族群鎖定 40 歲和 50 歲女性，剛好是開始擔心健康的世代。尤其對於生活習慣毛病可能都有所警覺。也許曾被醫生警告是糖尿病高危險群、中性脂肪過多或是膽固醇過高等。

然而，情況還不到需要開藥的地步，醫生通常會建議注意營養均衡或減肥等。這裡的重點是「食物」，因此消費者心中應該會思考「有沒有用食物解決這些問題的好方法？」

這時的消費行為進行到下一階段的**收集資訊**。上網或在自己的活動範圍尋找有效的好方法。在這個階段必須要讓這次的商品進入消費者收集的資訊中。因此必須清楚地讓消費者知道，這次的商品訴求滿足「當調味料每天使用，進而改善自己的生活習慣毛病」的消費者需求。此時必須思考有效將商品訴求傳遞給消費者的方法。

✱ 科特勒的「消費決策階段」

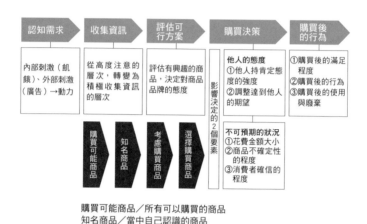

購買可能商品／所有可以購買的商品
知名商品／當中自己認識的商品
考慮購買商品／當中考慮購買的商品
選擇購買商品／經過進一步篩選的商品

✱ 套用「消費決策階段」思考調味料的案例

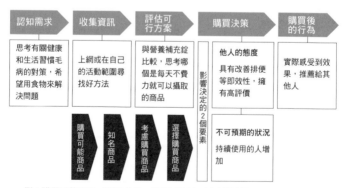

例：購買可能商品／健康食品、營養補充錠、健康調味料、健康飲料、商品 X
　　知名商品／健康食品、營養補充錠、健康飲料、商品 X
　　考慮購買商品／健康食品、營養補充錠、商品 X
　　選擇購買商品／營養補充錠、商品 X

　　利用宣傳標語讓消費者知道商品訴求是非常有效的方式。
這時假設可以發明「加齡症」這個新用語，以「改善加齡
症」這個宣傳標語當作商品訴求。

　　另外，關於有效地將產品訴求傳遞給消費者的方式，由
於這次商品鎖定的是有上健身房習慣的人，因此可以在健身
房的櫃台派發一些試用品。為了讓消費者知道這個商品的好
處，實際使用是最快最有效的方式。

　　接下來進入**評估可行方案**的階段。如果消費者用了試用品
後覺得不錯，接下來應該就會與現在正在服用的營養補充錠
做比較。這次的目標族群鎖定的是經常服用營養食品補充錠
的人，因此，消費者應該會衡量是否要用這個商品取代營養
補充錠，或是兩者並用。

　　當消費者與營養補充錠比較時，這次的商品更應強調不費
力就可以每天攝取與即效性兩點。這次商品的最大特徵是調
味料，因此可以加到菜餚或其他調味料中，每天至少攝取一
次。

　　另外，鎖定的目標族群要求即效性和看得見效果，因此，

如果透過調查發現這項商品有助排便，也可以一併當作商品訴求。

購買後可以期待消費者因感受到實際效果而推薦給他人，成為擁有眾多忠實顧客的長壽商品。為了達到這樣的效果，可以舉辦舊顧客只要介紹給新顧客，兩者便可同時獲得優惠的宣傳活動。如此一來，使用者便會將這個商品推薦給他人，這些人就可以成為商品的新顧客。

另外還可以成立交流網站，讓使用者在上面分享使用狀況，也是非常有效的方法。如果使用者在上面寫了商品的好話便可以一傳十，十傳百。如果商品有不好的評價，也可以立即改善。如此一來，商品不但可以變得更好，積極改善的態度說不定也會受到消費者肯定。

就像這樣，預測消費者行為，根據消費者行為思考對策，如此即可確實抓住目標族群的心，進一步開拓更多顧客。

「誰是你的目標族群？」

「具體而言，誰是你的目標族群？象徵的人又是誰？」

到底有多少人可以準確回答這個問題？從這點可以看出大家在鎖定目標族群時有多麼草率。但相反地，如果能夠明確地鎖定目標族群，那麼一下子就可以拓展許多顧客。

鎖定目標族群的方式很多。透過調查，以對商品概念和商品本身反應良好的人為目標族群，或是鎖定長期顧客推出新商品等等。

然而，無論是哪種方式，目標族群都必須滿足①對新商品有良好反應的人；②使用率和使用頻率高的人；③很容易就可以鎖定，且行銷活動費用具有經濟效益的人；④人數足以創造相當的營業額，可以獲得相對的報酬，這四項條件。

接下來必須清楚描繪目標族群的形象。為了提出更精準的企畫，必須徹底思考目標族群的特徵，描繪出清楚的形象。掌握人在人口統計學是什麼樣的人？在社會行動上是什麼樣的人？勾勒出符合這些形象的人。明確鎖定目標族群，掌握目標族群的數量和特徵，如此才能更精準地展開行銷活動。

05

選擇容易記也方便傳達的詞彙

　　企畫書中不可缺少的就是命名和標語。除了商品和企業之外，從廣告、宣傳活動到各項宣傳工具，命名和宣傳標語都非常重要。

　　話雖如此，但要想出具有效果的名字和宣傳標語並不容易。名字和宣傳標語都必須明確點出商品的特色，讓人立刻知道是什麼商品。另外，名字和宣傳標語也要讓消費者立刻浮現具體的形象，好記而且好傳達。如果不能激起消費者想告訴其他人的心，那麼這個名字和宣傳標語就很難廣為流傳。選擇的詞彙要能在大家心中激起漣漪是件非常重要的事。

　　為了實現這個目標，最有效的方式就是修辭法。修辭就是聽人說話或看書時接收到的獨特、跟一般不同的用字遣詞方式。只要善用修辭法，便可以有效激發接受方的興趣。腦中的想法並不是平舖直述說出來即可，藉由修辭讓言語多一點變化，接受方受到刺激，便會在心中留下深刻印象。

　　意圖製造這樣的效果，就是本章最主要的目的。

　　下面解說 6 種有名的修辭法，也介紹應用這些技法的案例、產品命名，以及宣傳標語。

修辭法①
以類似事物比喻的「直喻法」

將想表達的內容以類似事物比喻的方式，稱作「直喻法」。

想用現有詞彙表達無止境的事物非常困難。這時通常會用其他詞彙來表達想表達的東西。心裡想的跟表達出來的相似，稱作「直喻」。

將心中所想的事情轉換成適當的詞彙表達出來時，會讓人感同身受，獲得感動。使用直喻法將心裡想的事情轉換成詞彙時，最大的特徵是兩者間的關係近，只要轉換成適當的詞彙，便很容易引起強烈的共鳴。

因此，希望引起對方共鳴的食品、飲料、房地產相關產品

直喻

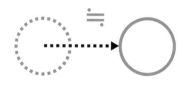

想表達的內容以類似事物比喻

等，經常會使用直喻法。這是因為沒有人想買令人不舒服的食品、讓人矛盾的飲料，或是被誇大的房地產。

這類商品都是在消費者有共鳴的情況下，才會決定購買或簽約。因此，這些商品的命名或宣傳用語多半使用直喻法。

案例

▼歐陸式早餐

歐陸式早餐是飯店早餐的一種。這是為了讓消費者一看就知道是只有麵包和飲料的歐風簡單早餐，才會這麼命名。其實這是日本人想出的名稱。

這個案例的結構是：

歐風簡易早餐→〔直喻〕→歐陸式早餐

想要表現的內容與命名相近，就算不懂意思的人，只要聽過說明，很容易就可理解。

▼剖竹般的性格

這是日本俗語，用來形容表裡一致的性格。竹子只要用一點力氣，就可輕易一剖為二，用來形容人的性格爽快。

這個案例的結構是：

爽快的性格→〔直喻〕→剖竹般的性格

想要表現的內容與命名相近，因此很容易就可理解想要表達的內容。

命名

▼寶礦力水得（POCARI SWEAT）

寶礦力水得是研究員在國外出差時吃壞肚子，醫生囑咐要多補充水分和營養，研究員從中獲得啟發而誕生的商品。當時研究員為了補充水分和營養喝了許多薑汁汽水，但他不禁思考，「有沒有在生理上更適合人體的其他飲料？」

另外，手術後醫生會喝點滴來補充營養，也是研究員的靈感之一。

　　因此，寶礦力水得就在「喝的點滴」，以及可以在各個生活場景補充身體失去的水和電解質的「汗水的飲料」這兩個概念下開發完成。將這個「汗水的飲料」以富有律動感的詞彙「POCARI」和汗水「SWEAT」表現，就成了「POCARI SWEAT」這個商品名稱。這是將在生理上更適合人體的水比喻為「汗」的直喻法。

　　這個命名的結構是：

喝的點滴→〔直喻〕**→ POCARI SWEAT**

寶礦力水得（大塚製藥株式會社）

一般人對於生理食鹽水或點滴的印象都是屬於醫療用品，並非平常會接觸到的東西。但如果說這與平常流失的汗水相同，大家就會覺得這是必須補充的東西。利用這一點，寶礦力水得將夏天或激烈運動後需要補充寶礦力水得的形象深植在消費者心中。

▼Milky牛奶糖

「希望創造出前所未有的獨特風味」，在不二家公司這個心願下誕生的是 Milky 牛奶糖。為了實現這個目標，不二家以麥芽糖和煉乳為原料表現出母親的愛，希望創造出讓消費者懷念的母乳滋味。在這個概念之下，使用了近 50% 的煉乳，開發出當時新穎又奢侈的牛奶糖。

Milky 濃郁的甜味前所未有，而且營養豐富。當時上市一盒只賣 10 日圓，非常便宜，包裝上繪有不二家的 Peko 娃娃。這項產品原本取名為「Jokki」，但從這個名稱感覺不出商品背後蘊含的意義。

因此有人提出應該活用母乳這個概念，於是改名為

「Milky」。此舉奏效，這個簡單易懂的商品名稱獲得小孩和媽媽們的一致好評，Milky 立刻熱賣。

這個命名的結構是：

表現出母親的愛，讓人懷念母乳滋味的糖果→〔直喻〕→Milky

一開始的名稱「Jokki」很難讓人聯想到母乳。後來因為改名為「Milky」，才能與宣傳標語的「Milky 有媽媽的味道」相輔相成，讓商品的形象更為鮮明。

宣傳標語

▼知識小將的，暑假。

新潮社在暑假時為了促銷口袋書而推出的宣傳標語，是 1985 年系井重里先生的作品。

這個促銷活動從 1976 年持續到現在。新潮社挑選出自家出版的 100 本好書，希望讀者可以趁著暑期長假慢慢閱讀。

其實新潮社真正想說的是「請大家一定要來閱讀新潮社推薦的這 100 本書」。然而，如果說得這麼白，讀者就

像喝白開水一樣沒有感覺。因此，新潮社開始思考如何表達「想趁暑假增進知識的人一定要閱讀新潮社推薦的口袋書」。宣傳標語尤其希望強調「想趁暑假增進知識的人」的印象。

這裡選用「知識小將」（Intelligen-chan）這個表現方式。Intelligen-chan 來自俄文的 intelligentsia，代表「知識份子」、「知識工作者」的意思。但 intelligentsia 並不是大家耳熟能詳的單字，因此創造出「知識小將」這個名詞，成功塑造出大眾化的形象。

這個宣傳標語的結構是：

想趁暑假增進知識的人 → 〔直喻〕→ **知識小將的，暑假**

就像這樣，藉由塑造一個明確的人物，暗中傳達「新潮社的 100 本口袋書可以讓你增廣見聞」的訴求。正因為採取低調的訴求方式，反而能強烈傳達希望讀者買書的訊息，又不會讓讀者反感。

▼初戀的滋味

讓可爾必思成為人氣商品的決定性宣傳標語。

可爾必思誕生於 1919 年，是創立者兼開發者的三島海雲先生靈機一動，將脫脂牛奶加糖而開發出的商品。脫脂牛奶加糖放置一段時間，經過空氣中的酵母自然發酵，味道會變得更香甜。另外，可爾必思添加了當時日本人缺乏的鈣質成分，成為全新型態的飲料。

然而，正因為這是前所未有的飲料，如何讓消費者想像飲料的味道成為一大難題。

為此，可爾必思著眼在如何用簡單易懂的比喻來表現「又酸又甜的清爽味道」。「酸甜清爽」和清純美麗的初戀形象不謀而合，由此誕生了「初戀的滋味」這個宣傳標語。

配合這個宣傳標語，可爾必思上市日期選在 7 月 7 日的七夕，包裝紙選用讓人聯想到銀河的原點圖案，這些也都讓人聯想到「戀愛」。

這個宣傳標語的結構是：

又酸又甜的清爽味道 →〔直喻〕→ **初戀的滋味**

可爾必思上市當時的社會風氣依舊殘留著封建思想，受到大正民主的影響，自由思想和浪漫主義逐漸抬頭。這樣的社會風氣更成為「初戀的滋味」這個宣傳標語的推手，立刻普及於日本各地。

修辭法②
以不同時間點的事物比喻的「時間轉移法」

　　將想表達的內容以不同時間點的事物比喻，將時間背景轉換為過去或未來的「時間轉移法」。為了追求更刺激的表現效果而將時代背景反轉的手法，稱作「時代錯誤法」。

　　簡單講，比起將想表達的內容以「現在」這個時間點的事物比喻，不如轉換時間點，用過去的東西比喻，更能營造出復古的形象。或者用未來的東西比喻，更能營造出先進的形象。

　　例如，店家或食品藉由**刻意營造復古形象，讓消費者離不開這項商品，進而持續使用**。另一方面，數位商品或網路相

時間轉移

過去　　　　　　　未來

轉換時代背景比喻

關商品等，藉由營造「這就是未來」的先進形象，挑動創新者的心。

這些時候，可以發揮最大效果的就是「時間轉移法」。

▼復刻版拉格啤酒活動

麒麟啤酒曾經推出名為「復刻版拉格啤酒」（Lager Beer，意為窖藏啤酒）的特別活動。這是為了紀念麒麟拉格啤酒誕生 110 周年而舉辦的大規模活動。因為是 110 周年，麒麟啤酒特別贈送 110 萬名幸運兒特別限定釀造的「復刻版拉格啤酒」，內含明治、大正、昭和初期的拉格啤酒各一瓶。這個活動的宣傳標語是「父親的，那一天的，拉格啤酒」。

這項活動的主要目的並不只是營造懷舊氣氛。當時占據啤酒市場首位的是朝日的 Super Dry 啤酒，麒麟啤酒屈居第二。而這個復刻版拉格啤酒活動，就是麒麟啤酒為了重返龍頭寶座而想出的對策。

希望透過活動可以讓消費者回想起麒麟拉格啤酒位居市場No.1 的時代，製造讓消費者可以再一次將注意力回到麒麟啤酒的機會。將時間點從把龍頭地位讓給朝日 Super Dry 的現在，移到自己是 No.1 的過去，強調麒麟啤酒的存在感。這個活動十分成功，麒麟拉格啤酒的市占率也因此提升。

這個案例的結構是：

過去曾經是 No.1 → 〔時間轉移。過去〕→ 父親的，那一天的，拉格啤酒

如果直言自己曾是 No.1，只會給人一種沉浸在過去榮耀的感覺。但像這樣，藉由推出自家啤酒的復刻版，讓消費者重新認知到這項商品的優點，頗有效果。這是因為利用時間轉移這個修辭法，才能有這樣的成功。

▼讓汽車成為未來。

豐田汽車和日產汽車過去曾有過激烈競爭。

這場競爭中，日產汽車全車種搭載安全氣囊，並起用職棒

球星鈴木一朗實施「一朗日產」活動，占盡先機。相對地，豐田汽車一直處於慢半拍的狀態。

改變這個情勢的是豐田汽車的企業口號「讓汽車成為未來」。這個企業口號將焦點轉移到未來，展現企業由此出發製造汽車的決心。汽車會排放廢氣，製造大量廢棄物，過去都是朝著破壞環境的方向前進。相對於此，豐田汽車的企業口號展現為了讓未來變得更美好，以積極正面的態度面對這些因汽車存在而產生的各種問題。

當然，除了展現積極的態度，豐田也推行環保專案，研發考量環境的「PRIUS」油電車。環保計畫、PRIUS 等具體的動作與企業口號「讓汽車成為未來」相互連動，許多人因為贊同這樣的觀念而選擇豐田汽車。

這個案例的結構是：

製造考慮到環境的汽車 → 〔時間轉移。未來〕→

讓汽車成為未來

並非「讓車子走向未來」而是「讓汽車成為未來」，當中隱含了隨著時間，汽車會不斷進化，而豐田汽車會一直伴隨

左右的決心。雖然兩者十分相似，但正因為選用的是「讓汽車成為未來」可以迴避「汽車＝環境破壞」對上「考慮環境問題」之間的矛盾，更能獲得消費者的共鳴。

命名

▼Electone

日本樂器製造（現在的山葉）最早是從 1952 年開始研究利用電子發振器發聲的「電子風琴」。當時美國已經將電子風琴商品化，但在日本還沒有什麼人知道。

1957 年，山葉開發出樣品機，但使用的是真空管，因此發出的聲音在音質上稱不上是樂器。當時的川上源一社長便下令用電晶體取代真空管。當時的電晶體屬於高價品，但比真空管耐用許多。

到了 1959 年，281 台使用電晶體的日本國產電子風琴「D-1」正式上市。在電晶體仍屬於高價的年代，這項產品完全使用電晶體，而且可以用雙手雙腳來控制節奏，在當時是革命性樂器。

　　這項搶先未來的樂器命名為「Electon」。Electon 是取自「電子」（electronic）和「音調」（tone）的新造字，用來表現這個原本是敲弦發出聲響的樂器變成電子演奏樂器。

　　這個命名的結構是：

全電晶體所呈現的電子音 →〔時間轉移。未來〕**→**

Electone

　　這個充滿未來感的命名大獲好評，其他廠商推出的電子風琴有時也會被稱作山葉的註冊商標「Electone」。

　　單一商品的名稱成為代表這類商品的名詞，這又稱作「類別代名詞」。

▼Cyber-shot

　　Cyber-shot 是 SONY 於 1996 年開發上市的數位相機。

　　一如 SONY 的其他商品，Cyber-shot 是功能多又充滿設計感的產品。這個系列商品包括可以從各種角度拍攝的機種、手掌大的小型機種，以及搭載超薄大型液晶的機種等。

當時市場熱賣的是 FUJI Film 的 FinePix 和 CANON 的 IXY，Cyber-shot 是後來才加入市場的產品。由軟片廠商和相機廠商首先占據的市場，當時任誰都覺得 SONY 加入後將面臨一場硬戰。相機迷也多表示不會購買和相機無關的 SONY 推出的數位相機。

這時，SONY 採取的是與自家熱賣電腦品牌 VAIO 連動的政策。也就是說，讓消費者覺得 Cyber-shot 是 VAIO 專用的數位相機。如此就可以將目標鎖定在 VAIO 的使用者。

因此，在為數位相機命名時，打動 VAIO 使用者的心，快速引導他們購買是最大的重點。於是，SONY 打出了「這項商品是與電腦連動拍攝的專用相機」這個訴求。

當時正是消費者從一般相機轉換到數位相機的年代，如果這是電腦專用的數位相機，大家也比較能夠接受。於是，與電腦（Cyber）連動拍攝（shot）＝ Cyber-shot，便是這項產品名稱的由來。

這個命名的結構是：

與電腦連動拍攝的專用數位相機 →〔時間轉移。未來〕→
Cyber-shot

於是，Cyber-shot 迅速擄獲 VAIO 使用者的心，立刻成為熱銷商品。這項產品成功的關鍵在於藉由名稱營造未來感，將與電腦連動拍攝的相機＝ Cyber-shot 的形象深植於消費者心中。

宣傳標語

▼戀愛，不是遙遠那一天的煙火。

這是 Suntory Old 威士忌在改版重新上市時使用的宣傳標語，是 1994 年小野田隆雄先生的作品。

這個新的 Suntory Old 口味比較溫和，價格是親民的 1980 日圓。Suntory 當然希望消費者可以購買，但當時喝威士忌的人越來越少，如果用單刀直入的表現方式很難打動消費者。

於是，Suntory 決定向消費者傳達「Suntory Old 變新又變便宜了，讓我們再次重溫 Suntory Old 的滋味」的訊息，並

思考要用什麼方式傳達最能打動消費者。Suntory 將重點放在「再次重溫 Suntory Old 的滋味」，決定以過去喝 Suntory Old 的情景＝戀愛為主題。

然而，如果僅是單純以「再次戀愛」的表現方式無法讓消費者有心動的感覺，於是利用時間轉移，將時間點移到「遙遠那一天的煙火」。

煙火絢爛奪目，但如果是記憶中遙遠那一天的煙火，再絢爛的煙火也會褪色。因此，利用「不是」的否定語代表「還可以再戀愛」、「現在放棄戀愛還太早」，表達希望消費者可以與新的 Suntory Old 威士忌再談一次戀愛。

這個宣傳標語的結構是：

再次重溫 Suntory Old 的滋味 →〔時間轉移。未來〕→ 戀愛，不是遙遠那一天的煙火。

廣告的主人翁是位中年男子（長塚京三先生），充分表達出中年男子的悲哀，更能引起共鳴。戀愛與酒（Suntory Old）間有著斬也斬不斷的關係，而且與中年男子的形象十分吻合。

▼各位。畢業了，讀書吧。

看到這個宣傳標語，也許有人會覺得這是理所當然的事，但如果知道這是日本經濟新聞社的宣傳標語，可能就會被觸動。這是 1982 年竹內基臣先生的作品。

日本經濟新聞刊登許多商業相關報導，是大學生從找工作到成為商業人士一定要閱讀的報紙。

因此，與其說是大學生在求學時認真閱讀的報紙，其實更是畢業後應該熟讀的報紙。為了讓大家意識到這一點，於是將時間點移到「畢業後」。而且使用的不是「訂購吧」，而是「讀書吧」，不著痕跡地推銷，十分高明。

當然，除了上述的解釋，這個宣傳標語也可以看作諷刺現在大學生不讀書的現象。從這個觀點出發，打動的可能不是不讀書的大學生，而是擔心這個現象的父母或公司主管。讓這些人看到這個宣傳標語後覺得「應該要督促這些人閱讀日經新聞」，也是另一種效果。

　　這個宣傳標語的結構是：

　　日經新聞的資訊對商業人士不可或缺 →〔時間轉移。未來〕→ **各位。畢業了，讀書吧。**

　　這個宣傳標語喚起了人們「大學時代沒有好好讀書，出社會要更努力」，或是「出了社會，更應該學習重要的知識」的意識。這個宣傳標語從各種不同角度切入，深入人性本質，十分高明。

修辭法③
以擴大或縮小的事物比喻的「誇飾法」

　　將想表達的內容以比實際意義誇張的事物比喻。

　　修辭學大師豐塔尼耶（Pierre Fontanier）將誇飾定義為「將事物擴大或縮小，以比真實狀態高或低的程度表示。然而，這不是以欺瞞為目的，而是為了引導至真實。藉由令人難以置信的話語，讓真正可信的事物更加明確」。

　　也就是說，**誇飾是，當通常的表現方式無法充分表達某種現象，必須做出突破時運用的修辭法**。例如，「跳蚤夫婦」、「堆積如山的髒衣服」、「一日千秋」、「千載難逢的機會」、

誇飾

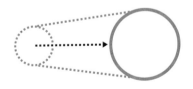

以比實際意義誇張的事物比喻

「萬丈深淵」、「值千金的全壘打」等都屬於誇飾法。身高相差懸殊的夫妻、非常多的髒衣服、長時間等待、少有的機會、非常深的山谷、決定勝負的全壘打等，如果只是這樣平鋪直敘，無法表現當下強烈的情緒，因此才會使用上述的誇飾法。

尤其現代經常使用誇飾法。以女高中生為主誕生的新詞彙很多都是誇飾。例如，「超令人生氣」、「異常可愛」、「激美味」等，每個都讓人覺得真的有這麼誇張嗎？

根據專家分析，女性不像男性會大聲吼叫，或是用攻擊性的語調說話。因此，當女性想強調某件事情的時候，就必須在言語中下功夫。然而，身為女性會盡量避免使用不雅的詞彙，因此才會使用誇飾法。

另一方面，**在現代這個資訊過於發達的社會，不誇張就無法引人注目**，這也是促成大家喜歡使用誇飾法的另個推手。尤其在廣告表現上，誇飾已經成為不可或缺的表現手法。

案例

▼Giga warosu、Tera warosu

這是 2ch 論壇上的用語，現在已成為年輕人的網路標準用語，代表「很好笑」、「非常好笑」。這是拿掉取日文代表「笑」（waratta）的促音後成為「warata」，結合同樣代表「笑」的方言「warouta」而成「warota」，之後又因以訛傳訛演變成「warosu」。

後來又再前面加上「Giga（代表 10 億倍的單位）」、「Tera（代表 1 兆倍的單位）」，用來誇飾好笑的程度。相反地還有縮小誇飾的「Pico warosu」，代表「一點點好笑」的意思。

這個案例的結構是：

非常好笑 → 〔誇飾〕→ **Tera warosu**

這是非常年輕人的表現方式，用代表大小的詞彙修飾好笑的程度，創造了代表五個不同階段的詞彙（Pico warosu → warosu → Mega warosu → Giga warosu → Tera warosu）。因為在 2ch 論壇上只能用文字表達，為了表現出

自己情感的程度大小，才會創造出這樣的詞彙。

▼Fight，一發！

這是力保美達（大正製藥）長久以來使用的宣傳標語。利保美達一開始屬於醫藥品（1999年因日本醫藥品販賣規範放寬，現在歸類為醫藥除外品），受到日本藥事法的規定，無法用直接的方式強調其功效。

利保美達在宣傳上的設想是，身陷斷崖絕壁危險狀態的人喝下這個飲料後，體內湧起無窮力量，終於擺脫困境。現實生活中，快要墜落懸崖的人當然不可能因為喝了一瓶飲料就能脫困。這是用誇大不可能的方式來表達，這瓶飲料就算是在無路可退的情況下也能發揮功效。

利用誇飾法解決書寫文字的局限，這點與上述創造出 Giga warosu、Tera warosu 等網路用語的年輕人相同，成功解決了因藥事法而無法直言飲料功效的問題。

這個案例的結構是：

功效顯著的藥 → 〔誇飾〕→ Fight，一發！

你是否也曾一邊想著「這根本不可能」，一邊卻又不自覺地看著廣告的故事發展呢？是否曾經在疲勞時喝下利保美達，心中默念「Fight，一發！」來為自己打氣？這代表這個宣傳標語和商品緊密結合，在消費者心中留下深刻的印象。

命名

▼朝日 Super Dry

朝日的 Super Dry 啤酒於 1987 年上市。商品開發是從 1986 年 2 月開始，目的是開發出「無論喝幾杯也不會膩的啤酒」，以及「質地輕盈，入喉時清爽舒暢的啤酒」。為了製造出這樣的啤酒，在「濃醇爽口的辛口啤酒」的概念下進行開發。

在這個概念下，使用辛口酵母進行高度發酵，將酒精濃度設在 5%，成功開發出爽口的啤酒。

產品名稱也決定以這個概念為基礎命名。然而在當時，沒有人用「辛口」或「dry」等字眼來形容啤酒的味道。「辛

口」原本是形容日本酒喝起來爽口時會用的詞彙，而「dry」則是用來形容葡萄酒。

然而，朝日主要目的就是開發前所未有的新啤酒，因此刻意使用「dry」這個字，且為了強調這是日本首創的口味，於是用誇飾法在前面加上「super」。

就這樣，日本首創的「辛口生啤酒」朝日 Super Dry 就這樣誕生了。

這個命名的結構是：

濃醇爽口的辛口啤酒→〔誇飾〕→ 朝日 Super Dry

朝日 Super Dry 這個讓人容易聯想口味的命名奏效，在上市三年後的 1989 年，銷售量突破一億箱，1998 年登上啤酒市場的龍頭，到了 1999 年，市占率更超過 40%。

▼施敏打硬

施敏打硬株式會社的創始人今村善次郎先生靠著自學，不斷研究接著劑。1923 年，他參考國外的接著劑，將膠經過化學處理後製成凝膠狀，分裝至管子內販賣。用這種方式製成

的「Cemedine A」雖然防水性和耐熱性都不佳，但黏性是日本至今使用的「糨糊」所無法比擬的。

但由於對於商品並非百分之百滿意，為了給消費者強烈的印象，必須在商品名稱上下功夫。

當時，英國製的「Medine」已經率先進入日本市場，據說「Cemedine」便是含有「打擊（ceme）Medine」之意。另外，為了強調接著劑的黏著力非常強，便取代表結合之意的「cement」，與力的單位「dyne」，命名為「Cemedine」。

這個命名的結構是：

超強的黏著力→〔誇飾〕→ Cemedine

到了 1938 年，今村先生成功開發出「Cemedine C」。這是以硝化纖維為原料製成的溶劑型接著劑，防水速乾，成品優美，凌駕其他外國製商品。另外，當時模型飛機大為流行，搭上這股風潮，施敏打硬迅速在日本各地打響知名度。

▼屁股，也應該要沖洗。

這是東陶機器（現在的 TOTO）免治馬桶的宣傳標語。仲畑貴志先生在 1982 年的作品。

仲畑先生表示：「是這個在嶄新提案下誕生的產品讓我寫出這樣的宣傳標語。」

的確，這項用熱水沖去屁股髒污，之後再擦拭的革命性商品，我還記得商品推出時受到的震撼。

這個宣傳標語還有續篇。其一是，「每天早上都要洗臉吧。」→「應該沒有人用紙擦拭吧。為什麼？」→「用紙是擦不乾淨的」。另一個則是，「手髒了會沖洗吧」→「應該沒有人用紙擦拭吧。為什麼？」→「你看，用紙是擦不乾淨的」。

無論是哪一個宣傳標語都讓消費者想起自己曾經有過的經驗。讓消費者發現「這麼說，的確如此」，具有強大的效果。這兩個宣傳標語和「屁股，也應該要沖洗」這個主要的宣傳標語相輔相成。

　　正確來說，這項產品的功能應該是用熱水沖去屁股的髒污後再擦拭。因此，「沖洗」這字眼其實是誇大了其功能。然而，就像不明說是肛門附近而是用「屁股」，用「沖洗」概括用熱水沖去屁股髒污後再擦拭，消費者也能夠接受。

　　然而，使用「沖洗」兩字的品味，打破常規的勇氣正是這個宣傳標語受到許多文案寫作者推崇的主要原因。

　　這個宣傳標語的結構是：

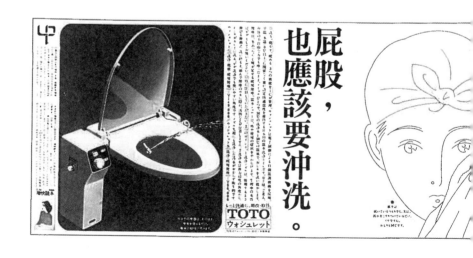

用熱水沖去屁股髒污後再擦拭→〔誇飾〕→屁股，也應該要沖洗。

這個宣傳標語厲害的地方在於改變擦拭屁股人的常識，讓他們認為清洗屁股才是真正的常識。當然，如同這個宣傳標語的作者仲畑先生所說，這的確是革命性商品。

但如果沒有這個宣傳標語，或許商品的功能形象無法如此明確，也無法順利改變消費者的常識。

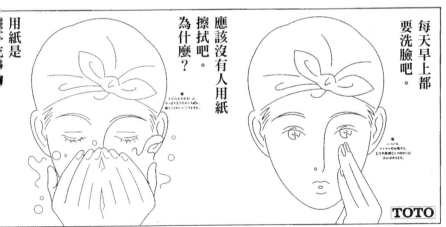

免治馬桶廣告（TOTO 株式會社）

▼丟掉出生年月日吧。

這是出版社寶島社的宣傳標語。寶島社從 1990 年代後半開始展開這個系列的企業廣告，明確表達寶島社的做法。宣傳標語的作者是前田知巳先生。

寶島社另外還打出「就算是老爺爺，也有性愛」、「國會議事堂，解體」等令人驚訝的宣傳標語。

在出版不景氣的年代，寶島社是不斷挑戰新事物的成功企業。創辦給年輕人看的雜誌、以豪華的附錄為主體等，樣樣都造成轟動，在出版業屬於革命家。

也就是說，寶島社是「挑戰禁忌，改變社會的出版社」。話雖如此，如果只是打出這樣的宣言，恐怕無法引起消費者的共鳴。

於是，寶島社企圖使用「出生年月日」、「國會議事堂」、「性愛」等誇張的表現方式，打破禁忌。一般的報紙也是從這個廣告開始出現赤裸裸的性愛字眼，其革命性可見一斑。

這個宣傳標語的結構是：

挑戰禁忌，改變社會→〔誇飾〕**→ 丟掉出生年月日吧。**

　　寶島社的各式宣傳標語最精采的地方在於，在不改變最根本主張的情況下，不斷打破禁忌。正因為如此，我們才會有「說得真好」、「這次的宣傳標語原來是從這個角度切入」、「下次不知道又會推出什麼樣的宣傳標語」等期待。對廣告的期待就是對寶島社的期待，這也是其宣傳標語另個高明的地方。

修辭法④
以乍看無關的事物比喻的「隱喻法」

　　將想表達的內容以乍看無關的事物比喻，稱作「隱喻法」。亞里斯多德說：「隱喻是天才的標誌」，可見這是非常有效果的修辭法。但相對地，使用困難也是隱喻法的特徵。

　　專家指出，隱喻是「為了表達某一事物，而利用其他與其相似的表現法」。例如，1999 年的東京都知事選舉。當時，年輕人遠離政治，即便是如此重要的職位，但大家對東京都知事選舉依舊漠不關心。

隱喻

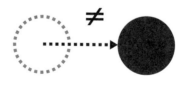

想表達的內容以無關的事物比喻

　　為了呼籲大家能夠認真選出真正可以擔任東京都知事這個重責大任的人，便選用「隊長」這個名詞，打出「讓我們決定誰是東京的隊長」這個宣傳標語。用隊長這個稱謂來代表東京都知事，成功讓大家認知到這個職位的重要。

　　另外也有專家認為，「比喻可分為『像某某一般』，明確知道比喻對象的比喻和隱藏比喻對象的比喻兩種，前者在修辭上稱作『直喻』，後者則是『隱喻』」。

　　還有專家認為，「用『火焰』這容易用感覺理解的具體事物表現『愛』這無法直接接觸的抽象事物，這種表現法稱作『隱喻』」。例如，用彩虹來比喻夢想這抽象東西，讓人想像夢想是七彩光輝的東西。

　　綜合上述說法，隱喻是用**其他言語來表達想表達的內容，隱藏比喻對象，且想表達的內容是抽象事物時會使用的修辭法。**

案例

▼Explorer腕錶

勞力士的 Explorer 有 I 和 II 兩款，後者是為了洞窟探險而推出的腕錶。

勞力士腕錶的最大特色就是實用、耐用。剛推出的時候，為了展現腕錶的實用和耐用，特別請人在橫跨多佛海峽和登聖母峰時配戴勞力士腕錶作為宣傳。

這個實用和耐用以隱喻的方式表現的就是 Explorer（探險家）。探險家必須十分強健，而腕錶的強健指的就是實用和耐用。就這樣，乍看與腕錶無關的 Explorer 這個詞彙卻巧妙抓住了勞力士腕錶的特徵。

這個案例的結構是：

實用又耐用的腕錶→〔隱喻〕**→ Explorer**

擁有相同名稱的微軟 Explorer 瀏覽器，其名稱的結構則是：

自由來去世界各地，得到想要的東西→〔隱喻〕**→ Explorer 瀏覽器**

▼Jaguar跑車

Jaguar 是專門製造高級車和跑車的英國汽車品牌（現在隸屬印度塔塔汽車集團旗下）。

Jaguar 被選為英國前首相布萊爾的公用車，伊莉莎白女王二世、愛丁堡公爵、查爾斯王子也都指定乘坐 Jaguar。受到賽車戰績背書的實力和傳統，以及其他品牌所沒有的動物性設計是 Jaguar 最大的魅力。

捨 BMW、保時捷，選擇 Jaguar 的人，看重的除了 Jaguar 的速度外，更喜歡車身的優美流線。選擇 Jaguar 的人除了基本價值外，感覺價值也占了選擇上的重比。當初為這台流線型跑車命名時，找不出一般適合的詞彙，於是把腦筋動到動物上——豹（Jaguar）。

這個案例的結構是：

車身流線優美的汽車品牌→〔隱喻〕→ Jaguar

最近越來越多人選擇機能型的小車。之前，別說是買車了，許多年輕人甚至沒有駕照。就算是這些人，應該也可以認同這台因車身線條優美而取名 Jaguar 的名車。

▼海底雞

sea chicken（海底雞）是 1930 年開發出的罐頭食品，Hagoromo Foods 將這項商品取名 sea chicken，一炮而紅。

夏天在日本近海可以捕獲許多乘著黑潮而來的「長鰭鮪魚」。當時的冷凍技術不發達，許多鮪魚因此而腐壞，廠商於是苦思善加利用這些鮪魚的方法。

Hagoromo Foods 的創立者遠赴美國，學習罐頭的最新技術，1958 年登錄商標名稱「sea chicken」上市。這個名稱隱含了「製造與洋化餐桌最相配的高級罐頭」的決心。另外，如果取名「油漬鮪魚」，年輕人恐怕會聯想到機油，令人倒胃口。

因此，由於長鰭鮪魚肉白味道清淡，與雞肉十分相似，便以「海底的雞肉」的英文「sea chicken」命名。

這個命名的結構是：

外觀和味道與雞肉相似的鮪魚→〔隱喻〕→ **sea chicken**

其實，當初 sea chicken 這名稱太過新穎，銷售量不盡理想。然而，廠商在廣告下功夫，推出了以「海底住著雞的奇幻故事」為主題的卡通廣告。這個簡單易懂的廣告大受好評，確立了 sea chicken 的形象，銷售量也跟著急速上升。

▼Pajero

1982 年，三菱汽車工業推出 Pajero，掀起了 4WD 車、RV 車的熱潮。

開發的背景是當時三菱汽車工業與美國 Willys 公司共同開發的吉普車決定停產，三菱汽車工業必須獨力開發 4WD 車，而針對一般民眾開發完成的就是 Pajero。

Pajero 就是在這樣的背景下開發的全新 4WD 車，兼具野性和美感。

廠商在思考如何用名稱來表達這台車的優點時，想到的是棲息於阿根廷南部巴塔哥尼亞的山貓「Pajero cat」。這種山貓體長約一公尺，其中三分之一是尾巴。個子小，頭也小，身體強健。白中帶黃的毛和焦茶色的毛交錯生長。

這個命名的結構是：

兼具野性和美感的汽車 → 〔隱喻〕→ Pajero

Pajero 當初的宣傳標語是「對 Pajero 而言，只有雪地、河川等崎嶇道路」。其他還有「目標指向不同」、「Pajero 的進化就是 4WD 的進化」、「無法歸類的汽車」等宣傳標語。

從這些宣傳標語，可以看出三菱汽車對 Pajero 是多麼自信。

宣傳標語

▼40歲是第二次的20歲。

1991 年伊勢丹百貨重新開幕的宣傳標語。是真木準先生的作品。

這個宣傳標語是為了重新開幕，希望吸引顧客上門而做。內文寫著，20 歲是新鮮人的起點，只要擁有體力和好精神，人人都可以成為新鮮人。另外，又將「人人」細分，「40 歲是第二次的 20 歲」、「30 歲是第 1.5 次的 20 歲」、「50 歲是第 2.5 次的 20 歲」、「60 歲是第三次的 20 歲。

就像這樣，以 20 歲為原點，提供每個年齡層都可以重新出發的契機。

無論是哪個年齡的人都能以 20 歲為原點表現，只要擁有體力和好精神，人人都可以成為新鮮人。進而提出「一起換上伊勢丹的年輕外套吧」的提案。

這個積極正面的標語，對所有年齡層的人都非常有效果。

這個宣傳標語的結構是：

無論幾歲，只要擁有體力和好精神，人人都可以成為新鮮人→〔隱喻〕→ 40 歲是第二次的 20 歲

尤其是服飾，隨著年齡增長，很多人都會放棄打扮。然而如果說「40 歲是第二次的 20 歲」，很容易引起「自己也才不過進入第二輪，身心都還很健康，再努力看看吧」的共鳴。於是，這個宣傳標語激起了消費者的購買意願。

▼我覺得賀年卡是一種贈禮。

2007 年日本郵政的宣傳標語。2007 年起，郵政民營化開始，宣傳標語揭示了日本郵政的決心。這個宣傳標語是岩崎

俊一先生與岡本欣也先生的作品。

網路成為主流後，很多人覺得新年祝賀只要透過電子郵件寄出即可。再加上一年才一次，許多人除了寄賀年卡外，平時也不會聯絡。在這些因素影響下，賀年卡的價值大不如前。

然而，如果把賀年卡當作可以傳達自己心情和想說的話、一年之中最初的禮物，也許你會覺得賀年卡還是很重要。也就是說，藉由「賀年卡是贈禮」的宣傳標語，讓大家重新發現賀年卡的重要。

也許有人會覺得，「這是長久以來持續的習慣，應該有它存在的意義」。如此一來，大家不僅會寄賀年卡，甚至還會比往年寄出更多賀年卡。簡單的「贈禮」二字，發揮了極大效果。

這個宣傳標語的結構是：

傳達自己心情和想說的話、一年之中最初的信件→

〔隱喻〕→我覺得賀年卡是一種贈禮。

如果把原本認為只是禮貌的賀年卡當作贈禮，應該有很

多人會在賀年卡上書寫表達心情的字句。這又會影響到寫信的習慣。也許有人會因為寫賀年卡而想起寫信的優點，寄信的人也因此增加。從這個宣傳標語可以期待如此的效果。

修辭法⑤
以矛盾的事物比喻的「矛盾法」

　　將想表達的內容以與之矛盾的事物比喻的修辭法，稱作
「矛盾法」。刻意用異常的表達方式達到刺激的表現效果。

　　矛盾的典故來自《韓非子》。有個商人同時販賣「再堅固
的盾也能刺穿的矛」和「再鋒利的矛也刺不穿的盾」，旁人
問他：「拿你的矛刺你的盾會如何？」商人無言以對。

　　「無知之知」、「雖敗猶榮」、「認真地說笑」、「殘酷的溫
柔」、「慢慢趕」、「敗即是勝」、「又寬又窄」、「好歹」、「甜
鹹」、「是非」、「殷勤無禮」等都是使用矛盾修辭法的慣用
句。

矛盾

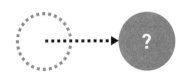

以相互對立或矛盾的事物比喻

以「矛盾」法表現的事物，意思雖與想表達的內容相反，卻不讓人感到矛盾，而有另個含義。

矛盾的表現方式十分前衛，可以在平凡的日常生活激起漣漪。**如果想造成衝擊，矛盾與之後介紹的異形是最適合的修辭技巧。**

異形與矛盾相似，乍看很難辨別。例如，過去豐田汽車的 SUV「Harrier」，使用穿著燕尾服的獅子當作電視廣告的主角。獅子穿燕尾服怎麼看都很奇怪。然而，電視廣告最後打上「Wild but Formal」的標語，可以知道豐田想表達的是「狂野中帶有正式」的汽車概念。

也就是說，「狂野」和「正式」是完全相反的概念，這裡使用的是矛盾的技巧。

異形和矛盾的共通點都是讓人乍看會覺得不對勁，判斷的重點在於使用的表達是否是完全相反的概念。

▼Kirecaji

「Kirecaji」是「美麗（kirei）休閒（casual）」的省略。這是在女性雜誌上經常會看到的穿著風格。

這個字誕生於 1990 年，至今仍廣為使用。

當時很流行牛仔褲搭配深藍色西裝外套。「美麗」含有正式服飾的意思，與深藍色西裝外套對應。而「休閒」則含有平常服飾的意思，與牛仔褲對應。深藍色西裝配上牛仔褲，這以過去的常識是非常奇裝異服的打扮，然而實際搭配後會發現給人一種千金大小姐或是貴婦的感覺，是非常清爽俐落的打扮。

這個案例的結構是：

雖是平常的穿著，但希望帶一點正式→〔矛盾〕

→ Kirecaji

現在，休閒中又帶點正式的打扮都統稱 Kirecaji，是外出時希望給人清爽俐落感的標準裝扮。

▼無冕帝王

「無冕帝王」是指沒有留下具體實績，卻非常有實力的人。

另外也指雖無崇高地位，但不屈服於任何人，通常用來指電視或報社記者。也就是說，形式上雖是「無冕＝平凡人」，但實質上卻是「帝王＝具有實力的人」。藉由連接這兩個相反的詞彙，形成含有其他意思的詞彙。

過去掀起熱潮的漫畫和卡通「小拳王」，就是以「無冕帝王」來形容劇中的拳擊手卡洛斯・李維拉。卡洛斯・李維拉是擁有「委內瑞拉戰慄」稱號的好手，卻從來沒有得過冠軍。為了對這個前途無限的拳擊手表示敬意，於是給他冠上「無冕帝王」的稱號。

這個案例的結構是：

有實力卻不曾奪冠→〔矛盾〕→ 無冕帝王

最近常上綜藝節目的前職業棒球選手清原和博先生過去也稱為「無冕帝王」。他雖然是非常有實力的選手，但卻從來沒有拿過冠軍，因此才會被冠上這樣的稱呼。

▼通勤快足

通勤快足是 Renown 公司於 1987 年推出的抗菌防臭襪，大受歡迎。

Renown 公司從 70 年代後半開始努力研發「不會臭的襪子」。

其他許多廠商雖然也都曾嘗試開發，總因技術和材質不夠成熟而沒有成功。

襪子的臭味，是人體皮膚上的細菌以附著在襪子纖維上的汗水和髒污為養分滋長所引起的。因此，如果不能有效抑制細菌滋長，就無法解決襪子臭的問題。

1981 年，解決這個問題的是 Renown 的「Fresh life」。Fresh life 在抑制引發香港腳的白癬菌上效果顯著。另外，在安全性、穿著感、透氣程度、吸汗、保暖上的表現也很優異。

這項革命性產品在上市第一年即掀起話題，商品也跟著熱銷。

　　然而，由於很難看出商品特色，給人的印象樸素，再加上平凡無奇的商品名稱，因此知名度始終無法提升。

　　這時，Renown 從根本重新檢討這項產品，以「通勤快足」的名稱重新上市。這是從當時 JR 和地下鐵採用的「通勤快速」電車得到的靈感。

　　商品改名之後，除了增添名稱的趣味感，更建立與上班族緊密結合的形象，讓人留下深刻的印象。商品的知名度大增，銷售量也跟著上升。

　　這個命名的結構是：

雖然是抗菌襪，但穿起來很舒適 →〔矛盾〕→ 通勤快足

　　搭乘滿載的電車通勤，雙腳不透氣，襪子通常都會變臭，但只要穿了這個「通勤快足」，透氣又可預防腳臭，雙腳舒適暢快。乍看好像在玩文字遊戲，但這個產品名稱準確地表現出商品的特色和用途，對目標族群是非常簡單易懂的商品名稱。

▼無印良品

　無印良品是良品計畫株式會社的主力品牌，販賣商品包括衣服、家庭用品、食品等。無印良品誕生於 1980 年，當初是西友百貨的 PB（自有品牌）。以「特殊情形，便宜。」為宣傳標語，開始販售 40 項家庭用品和食品。

　1981 年賣起衣服，1983 年直營的青山店開幕。1991 年在倫敦開了海外第一間店，目前銷售品項超過 7000 項，反映顧客的需求。不僅在日本，在國外也有多家分店。

　重新審視素材、精簡生產程序、簡化包裝的方針與時代的走向契合，商品因而暢銷。樸素簡單的設計和配色大受歡迎，甚至出現「無印控」的熱烈愛好者。

　提出無印良品構想的是率領 SAISON 集團的堤清二先生和設計師田中一光先生。他們以對抗現有品牌為概念，直譯英文的「no brand goods」當作品牌名稱。

　這個命名的結構是：

雖然沒有品牌，但產品是品質優良的商品 →〔矛盾〕→ 無印良品

雖然無印（無品牌）但是良品。一般是因為有品牌的保證，商品才被認為是優良商品，但無印良品卻反向思考。這個想法獲得消費者的共鳴，商品也因此熱銷。

宣傳標語

▼美味生活。

1982 年西武百貨的宣傳標語，是系井重里先生的作品。

在此之前，用來形容生活的正面用語多半是「歡樂」、「愉悅」、「華麗」等，而在這個標語之後，都會用「美味」來形容對自己有利的事物，由此可見這個標語的影響力有多大。

原本「美味」和「生活」是不相關的詞彙。雖然不是相反的詞彙，但用「美味」來形容「生活」總有一點不對勁。但只要讀了接下來的廣告文案，就可以理解為何選用「美味」，而不會感覺怪。

「只有甜味的生活太無趣了。辣、苦、酸、澀等，充滿各種滋味才是大人的生活。追求生活的味道，讓人身心融化的美味。仔細品嘗才能感受的複雜滋味、有點特殊的奇妙滋

味，不要無味難吃的滋味。找尋美味的旅程就是找尋自己的生活。遇到美味的人，閱讀美味的書本，找到美味的衣著，度過美麗的時光。這樣的生活，不應該只是一個理想……。西武也與你一起，準備成為好吃鬼的一九八二年。」

也就是說，徹底追求自己覺得好的東西是非常重要的事，與「美味生活」相呼應，而西武百貨聚集了所有可以讓消費者找到美味生活的商品。

這個宣傳標語的結構是：

生活上徹底追求自己覺得好的東西 →〔矛盾〕→ 美味生活

「美味生活」的宣傳標語不僅不會讓人覺得突兀，新的文案反而標準化，創造出「美味」這個詞彙的新用法，更賦予它全新的概念。這也是廣告文案撰寫者一致認為這個標語是理想範本的原因。

▼脫光後穿的班尼頓。

Okamoto 公司的保險套宣傳標語，是長谷川宏先生的作

品。

　　過去，大家都很抗拒大刺刺地購買保險套。不是偷偷在自動販賣機買，就是放在購物籃最下面，用其他商品遮住。

　　然而，自從愛滋病成為社會問題，大家的性觀念有了改變，保險套公認是避孕和從事安全性行為的必需品，贏得應有的「市民權」。我認為這個宣傳標語對保險套獲得市民權有很大的關係。

　　首先，Okamoto 公司與班尼頓合作，除了得到班尼頓強大的品牌力，更可以用班尼頓明亮的形象做包裝。如此一來，保險套的形象一舉從灰暗轉變成明亮。

　　接著，藉著這個宣傳標語，翻轉了保險套的價值。保險套從「套的東西」轉變成「穿的東西」。同時期的另一個宣傳標語「這是班尼頓最小號的衣服」，也成功讓保險套成為「穿的東西」。

　　這個標語成功創造了「就如人不可能裸著身子上街，從事性行為時也要穿保險套」的新常識。

這個宣傳標語的結構是：

從事性行為前要穿保險套 →〔矛盾〕→**脫光後穿的班尼頓**

「脫光後穿」聽起來很矛盾，但一旦知道穿的是保險套，突兀感就會轉變為共鳴。當然，這不僅僅是宣傳標語的功勞，結合品牌和品牌形象才能創造出這樣的效果。種種因素結合之下，為保險套爭取到了市民權。

修辭法⑥
以奇特怪異的事物比喻的「異形法」

將想表達的內容以奇特怪異的事物比喻的修辭技巧，稱作「異形法」。

專門家將這種修辭技巧定義為「取奇特怪異東西的型態要素，帶給對方震撼的表現方式」。**「帶給對方震撼」是最大特色**。

另外，修辭學大師什克洛夫斯基（Vitkor Shklovsky）定義：「將日常所見事物以奇異東西表現，非日常化的表現手法。」

異形

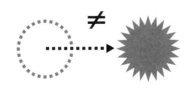

以奇特怪異的事物比喻

說到使用異形法的天才，非北野武先生莫屬。當初北野武以漫才師（雙口相聲）出道時，他的「毒舌」風靡了許多觀眾。他高明的地方在於，說的話乍聽很傷人，但正因為他說這話的前提十分明確，讓人生氣前不得不心生佩服。

他的才能也發揮在書籍和電影各方面，其中電影更獲得世界的肯定。尤其是他描繪的暴力最受人肯定，應該是因為他靈活運用異形的修辭法。他不僅是單純描寫暴力，而是有非常高明的前提設定。

能夠讓他的前提意義如此明確，是因為他擁有敏銳的觀點，往往點出日本這個國家的病態現象。強大的說服力讓觀眾可以清楚看到日本人到底哪裡出了問題，這正是北野武的最大魅力。

> 案例

▼黑臉辣妹

有段時間，日本高中生非常流行黑臉辣妹。

黑臉辣妹是把臉曬黑，或用比肌膚顏色深的化妝品把臉抹

成黑色，就好像歌舞伎表演者。與其說是為了展現可愛，不如說是為了給人髒兮兮的印象才刻意這樣打扮。

目的在於辨別自己的同類，才會用同類以外沒人會理解的化妝方式來表現自我。為了展現別人不做的事＝只有我做，才會化上這種駭人的妝。

這個案例的結構是：

一眼就可以辨別同類 →〔異形〕→ 黑臉辣妹

背後有明確用意，卻刻意用奇異方式呈現，這與上述北野武先生的毒舌有異曲同工之妙。

命名

▼Kerorin

Kerorin 是內外藥品株式會社販賣的止痛藥。1925 年，笹士林藏先生進口當時還很稀少的阿斯匹靈和陳皮為原料製造，是一種粉末式的止痛藥。當時說到止痛藥，幾乎都是酊劑或膏藥等外用藥，像 Kerorin 這種內用藥很少見，而且擁有現有藥品沒有的功效，於是上市後立刻獲得好評。

一如字面上的意思，Kerorin 代表「不著痕跡地（kerori）消除疼痛」、「吃過後就可以若無其事（kerori）」。吃下去立刻見效、新穎的商品名稱這兩點大獲好評，成為熱銷商品。

這個命名的結構是：

很有效的藥 → 〔異形〕→ **Kerorin**

受到日本藥事法的限制，廣告不能強調藥品的具體功效，因此必須透過商品名稱來補足這一點。話雖如此，將藥品取作 Kerorin 這個奇異的名字還是需要很大的勇氣。跨出這一步做出決斷，也許就是這個商品成功的祕訣。

▼Muhi

Muhi 是 1926 年開始販售家庭常備藥的池田模範堂開發的藥品，專門用來止癢、對付濕疹和蚊蟲咬傷等。當初是裝在罐子裡販賣，1927 年起改成藥膏。

商品名稱取作 Muhi，有兩個用意。一是無可比擬的「無比（muhi）」，意即「優異程度其他商品無可比擬」。另一個則是「無費（muhi）」，為了不造成顧客負擔，價格上盡量

壓低。後者來自「就算利潤低，也要站在顧客立場為顧客著想，把自己當作消費者」的公司經營方針。

用日文片假名ムヒ標示的「Muhi」，乍看會覺得很奇怪，但知道背後有這麼明確的含義，便會引起強烈共鳴。

這個命名的結構是：

非常有效又便宜的藥 →〔異形〕→ Muhi

將自家商品以代表「無比」之意的名稱命名，想必對商品的功效一定非常有信心。實際上，上市之後，訂單就不斷追加，供不應求。

宣傳標語

▼史上最爛的遊樂園。

豐島園遊樂園的宣傳標語，是 1990 年岡田直也先生的作品。豐島園因為這個奇特的宣傳標語，頓時成為大家熱烈討論的話題。

看到 1990 年 4 月 1 日寫著「史上最爛的遊樂園」的報紙廣告時，著實叫人嚇了一大跳。如此篤定地把自己的遊樂園

說成是最爛的遊樂園，任誰看了都會嚇一跳。然而，這是有陷阱的。因為廣告刊登的那一天正好是愚人節。

廣告文案寫著：「就當自己被騙，來玩一次吧。來了就會知道自己被騙了。以不有趣著稱的豐島園，今年也一帆風順。」當然，這是對自己的遊樂園有信心才能做出這樣的廣告。話雖如此，據說廣告公司也是提了好幾次案，才終於讓客戶（豐島園）點頭。

異形修辭法是藉由帶給消費者強大的衝擊，造成震撼。然而，一個不小心，反而會讓對方覺得不舒服。輕重拿捏困難，也許是讓客戶猶豫不決的主因。

這個宣傳標語的結構是：

很棒的遊樂園 → 〔異形〕→ **史上最爛的遊樂園**。

推出這個宣傳標語的 1990 年正好是泡沫經濟崩壞的前一年，景氣開始出現烏雲。也許正因為是這樣的時期，所以人們更需要有震撼力的宣傳標語。這個宣傳標語發揮了功效，讓豐島園不受景氣影響，天天擠滿了來遊玩的人潮。

▼向中性脂肪宣戰。

SUNTORY 在 2006 年為黑烏龍茶擬定的宣傳標語，是安藤隆先生的作品。

黑烏龍茶是特定保健食品，俗稱特保。必須提出科學根據，獲得許可才可標示有益健康。這類商品從花王的 Healthya 綠茶上市開始，可說是 21 世紀特有的商品。

黑烏龍茶的特色是抑制脂肪吸收，吃飯時只要喝黑烏龍茶，就可以抑制中性脂肪上升。油脂高的菜餚通常比較可口，但會對身體造成不良影響。尤其是中性脂肪上升，可能會引起可怕的生活習慣毛病。

然而，只要喝黑烏龍茶，不僅可以大啖高油脂美食，還可以抑制脂肪吸收，堪稱是革命性飲料。但就算是特保，也無法如此詳盡說明，而且說明過長也無法打動消費者的心。

於是，清楚明白地將中性脂肪視作「敵人」，用來表現黑烏龍茶是可以消滅中性脂肪的救星。

這個宣傳標語的結構是：

抑制高油脂美食的油脂吸收，不讓中性脂肪上升 →
〔異形〕→ 向中性脂肪宣戰

與標語同時推出的視覺廣告，以喜歡高油脂美食的中國男性為主角，不協調的畫面也有助於將黑烏龍茶的效果深植在消費者心中。

讓人感受雀躍、心動、憤怒的修辭法

　　人們是否會被打動，取決於想要表現的內容轉換成言語或文字時展現的精妙程度，轉換程度大，便可以改變人們的感知（知覺、看待事物的觀點）。換句話說，比起將想表達的內容以平鋪直敘的方式呈現，用經過扭轉的言語或文字表現，更能激起心中的悸動。

　　例如，對著肌膚白的女子說「妳好白」，跟說「妳的肌膚像雪一般」，帶給人心的悸動大不相同。想表達的內容相同，但以雪比喻的表達方式轉換程度大，可以帶給人更大的悸動。

　　為什麼要帶給人更大的悸動呢？

　　這是為了在日常生活中製造缺口。我們對一成不變的日常生活已感到厭煩，希望能從現有的狀態獲得解脫，讓意識從靜的狀態變成動的狀態。一成不變的日常生活靜止無趣，如果能接觸到大幅度的轉換，感受到大的悸動，心也會跟著動起來。也就是說讓我們有雀躍、心動或憤怒的感覺。如此一來，我們看東西的觀點也會跟著改變。也就是說，打動人心，可以改變消費者的感知。

能夠實現這種轉換的就是修辭法。

修辭法具有很好的效果，只要理解上述的結構，善加利用，必定可以打動人心。

感謝您購買 **打動人心！這樣企畫就對了** <small>LINE・AKB48・無印良品・日清食品・豐田汽車・麒麟特保可樂・
艾詩緹美妝等打敗不景氣的產品熱銷術</small>

為了提供您更多的讀書樂趣，請費心填妥下列資料，直接郵遞（免貼郵票），即可成為奇光的會員，享有定期書訊與優惠禮遇。

姓名：_____　身分證字號：_____

性別：□女　□男　生日：

學歷：□國中 (含以下)　□高中職　　□大專　　　□研究所以上

職業：□生產\製造　□金融\商業　□傳播\廣告　□軍警\公務員

　　　□教育\文化　□旅遊\運輸　□醫療\保健　□仲介\服務

　　　□學生　　　□自由\家管　□其他

連絡地址：□□□ _____

連絡電話：公（　）_____　宅（　）_____

E-mail：_____

■您從何處得知本書訊息？（可複選）

　□書店 □書評 □報紙 □廣播 □電視 □雜誌 □共和國書訊

　□直接郵件 □全球資訊網 □親友介紹 □其他

■您通常以何種方式購書？（可複選）

　□逛書店 □郵撥 □網路 □信用卡傳真 □其他

■您的閱讀習慣：

　文　學 □華文小說　□西洋文學　□日本文學　□古典　□當代

　　　　 □科幻奇幻　□恐怖靈異　□歷史傳記　□推理　□言情

　非文學 □生態環保　□社會科學　□自然科學　□百科　□藝術

　　　　 □歷史人文　□生活風格　□民俗宗教　□哲學　□其他

■您對本書的評價（請填代號：1.非常滿意 2.滿意 3.尚可 4.待改進）

　書名___　封面設計___　版面編排___　印刷___　內容___　整體評價___

■您對本書的建議：

電子信箱：lumieres@bookrep.com.tw
傳真：02-86671065
客服電話：0800-221029

小
Lumières
奇光出版

廣 告 回 函
板橋郵局登記證
板橋廣字第10號
信　函

231
新北市新店區民權路108-1號4樓
奇光出版　收